Elisabeth Eckert

Merkaptursäuren als Metabolite alkylierender Verbindungen

Elisabeth Eckert

Merkaptursäuren als Metabolite alkylierender Verbindungen

Entwicklung und Anwendung analytischer Methoden

Südwestdeutscher Verlag für Hochschulschriften

Impressum/Imprint (nur für Deutschland/only for Germany)
Bibliografische Information der Deutschen Nationalbibliothek: Die Deutsche Nationalbibliothek verzeichnet diese Publikation in der Deutschen Nationalbibliografie; detaillierte bibliografische Daten sind im Internet über http://dnb.d-nb.de abrufbar.
Alle in diesem Buch genannten Marken und Produktnamen unterliegen warenzeichen-, marken- oder patentrechtlichem Schutz bzw. sind Warenzeichen oder eingetragene Warenzeichen der jeweiligen Inhaber. Die Wiedergabe von Marken, Produktnamen, Gebrauchsnamen, Handelsnamen, Warenbezeichnungen u.s.w. in diesem Werk berechtigt auch ohne besondere Kennzeichnung nicht zu der Annahme, dass solche Namen im Sinne der Warenzeichen- und Markenschutzgesetzgebung als frei zu betrachten wären und daher von jedermann benutzt werden dürften.

Verlag: Südwestdeutscher Verlag für Hochschulschriften GmbH & Co. KG
Heinrich-Böcking-Str. 6-8, 66121 Saarbrücken, Deutschland
Telefon +49 681 37 20 271-1, Telefax +49 681 37 20 271-0
Email: info@svh-verlag.de

Zugl.: Erlangen, Universität Erlangen-Nürnberg, Dissertation, 2011

Herstellung in Deutschland:
Schaltungsdienst Lange o.H.G., Berlin
Books on Demand GmbH, Norderstedt
Reha GmbH, Saarbrücken
Amazon Distribution GmbH, Leipzig
ISBN: 978-3-8381-3090-3

Imprint (only for USA, GB)
Bibliographic information published by the Deutsche Nationalbibliothek: The Deutsche Nationalbibliothek lists this publication in the Deutsche Nationalbibliografie; detailed bibliographic data are available in the Internet at http://dnb.d-nb.de.
Any brand names and product names mentioned in this book are subject to trademark, brand or patent protection and are trademarks or registered trademarks of their respective holders. The use of brand names, product names, common names, trade names, product descriptions etc. even without a particular marking in this works is in no way to be construed to mean that such names may be regarded as unrestricted in respect of trademark and brand protection legislation and could thus be used by anyone.

Publisher: Südwestdeutscher Verlag für Hochschulschriften GmbH & Co. KG
Heinrich-Böcking-Str. 6-8, 66121 Saarbrücken, Germany
Phone +49 681 37 20 271-1, Fax +49 681 37 20 271-0
Email: info@svh-verlag.de

Printed in the U.S.A.
Printed in the U.K. by (see last page)
ISBN: 978-3-8381-3090-3

Copyright © 2012 by the author and Südwestdeutscher Verlag für Hochschulschriften GmbH & Co. KG and licensors
All rights reserved. Saarbrücken 2012

Meinen Eltern

„*Der Beginn aller Wissenschaften ist das Erstaunen, dass die Dinge sind, wie sie sind.*"

ARISTOTELES (384 – 322 V. CHR.)

Inhaltsverzeichnis

1 **Einleitung und Zielstellung** 1

2 **Grundlagen und Kenntnisstand** 3

  2.1 **Alkylierende Verbindungen** 3

    2.1.1 Verwendung 3

    2.1.2 Expositionsquellen 5

      2.1.2.1 Industrielle Quellen 5

      2.1.2.2 Vorkommen in der Umwelt 6

      2.1.2.3 Tabakrauch 7

    2.1.3 Gefährdungspotential alkylierender Verbindungen 8

    2.1.4 Toxikologische Eigenschaften 11

      2.1.4.1 Einstufung krebserzeugender Stoffe 11

      2.1.4.2 Einstufung und Toxizität der betrachteten Substanzen .. 12

  2.2 **Merkaptursäuren** 17

    2.2.1 Grundlagen der Merkaptursäurebildung 17

      2.2.1.1 Glutathion-Konjugation 18

      2.2.1.2 Abbau der Glutathion-Konjugate zu Merkaptursäuren .. 19

      2.2.1.3 Polymorphismen 20

    2.2.2 Metabolismus und Toxikokinetik alkylierender Verbindungen .. 21

      2.2.2.1 Ethylen und Ethylenoxid 21

      2.2.2.2 Propylen und Propylenoxid 23

      2.2.2.3 Glycidol 24

      2.2.2.4 Epichlorhydrin 26

      2.2.2.5 1,3-Butadien 27

      2.2.2.6 2-Chloropren 29

      2.2.2.7 Acrolein 31

    2.2.3 Merkaptursäuren und Biomonitoring 32

      2.2.3.1 Biomonitoring 32

      2.2.3.2 Merkaptursäuren als Biomarker 33

3 MATERIAL UND METHODEN ... 37

3.1 Bestimmung von Hydroxyalkylmerkaptursäuren in Urin ... 37

3.1.1 Geräte, Material und Chemikalien ... 38

3.1.1.1 Geräte und Material ... 38
3.1.1.2 Chemikalien ... 39
3.1.1.3 Synthese der Standardsubstanz DHPMA ... 40

3.1.2 Lösungen, Laufmittel und Standardlösungen ... 44
3.1.3 Probenaufarbeitung ... 47
3.1.4 Instrumentelle Arbeitsbedingungen ... 48

3.1.4.1 Hochleistungs-Flüssigkeitschromatographie ... 48
3.1.4.2 Tandemmassenspektrometrie ... 49

3.1.5 Analytische Bestimmung ... 51
3.1.6 Kalibrierung und Berechnung der Analysenergebnisse ... 52
3.1.7 Qualitätssicherung ... 53

3.2 Bestimmung der Merkaptursäuren des 2-Chloroprens und des Epichlorhydrins ... 54

3.2.1 Geräte, Material und Chemikalien ... 55

3.2.1.1 Geräte und Material ... 55
3.2.1.2 Chemikalien ... 56

3.2.2 Lösungen, Laufmittel und Standardlösungen ... 57
3.2.3 Probenaufarbeitung ... 60
3.2.4 Instrumentelle Arbeitsbedingungen ... 60

3.2.4.1 Hochleistungs-Flüssigkeitschromatographie ... 60
3.2.4.2 Tandemmassenspektrometrie ... 63

3.2.5 Analytische Bestimmung ... 65
3.2.6 Kalibrierung und Berechnung der Analysenergebnisse ... 66
3.2.7 Qualitätssicherung ... 67

3.3 Validierung der Methoden ... 68

3.3.1 Präzision ... 68
3.3.2 Richtigkeit ... 69
3.3.3 Aufarbeitungsbedingte Verluste ... 69
3.3.4 Nachweisgrenzen ... 70
3.3.5 Matrixeffekte ... 70

3.4 Bestimmung weiterer Biomarker ... 71
3.4.1 Cotinin ... 71
3.4.2 Kreatinin ... 71
3.5 Probandenkollektive ... 71
3.5.1 Probandenkollektiv 1: Allgemeinbevölkerung ... 71
3.5.2 Probandenkollektiv 2: Allgemeinbevölkerung ... 72
3.5.3 Probandenkollektiv 3: Beruflich mit 2-Chloropren belastete Personen ... 73
3.6 Statistische Auswertung ... 73

4 ERGEBNISSE UND DISKUSSION ... 75
4.1 Analytisches Verfahren zur Bestimmung von Hydroxyalkylmerkaptursäuren im Urin ... 75
4.1.1 Methodenentwicklung ... 75
4.1.1.1 Probenaufarbeitung ... 75
4.1.1.2 Chromatographische Trennung und Detektion ... 76
4.1.2 Beurteilung des Verfahrens - Methodenvalidierung ... 80
4.1.2.1 Präzision ... 80
4.1.2.2 Richtigkeit ... 80
4.1.2.3 Aufarbeitungsbedingte Verluste ... 81
4.1.2.4 Nachweisgrenzen ... 82
4.1.2.5 Matrixeffekte ... 83
4.1.3 Diskussion der Methode ... 84
4.2 Analytisches Verfahren zur Bestimmung der Merkaptursäuren des 2-Chloroprens und des Epichlorhydrins ... 86
4.2.1 Methodenentwicklung ... 86
4.2.1.1 Probenaufarbeitung ... 86
4.2.1.2 Chromatographische Trennung und Detektion ... 86
4.2.2 Beurteilung des Verfahrens - Methodenvalidierung ... 90
4.2.2.1 Präzision ... 90
4.2.2.2 Richtigkeit ... 91
4.2.2.3 Nachweisgrenzen ... 91
4.2.3 Diskussion der Methode ... 92
4.3 Vergleichende Diskussion der Methoden ... 94

4.4 Hydroxyalkylmerkaptursäuren im Urin der Allgemeinbevölkerung ... 96

4.4.1 Ergebnisse ... 96

    4.4.1.1 Gesamtkollektiv ... 96

    4.4.1.2 Einfluss des Rauchverhaltens ... 99

    4.4.1.3 Weitere Einflussfaktoren ... 103

    4.4.1.4 Korrelation der Merkaptursäuren untereinander ... 105

4.4.2 Diskussion ... 106

    4.4.2.1 2,3-Dihydroxypropylmerkaptursäure (DHPMA) ... 108

    4.4.2.2 Hydroxyethylmerkaptursäure (HEMA) ... 110

    4.4.2.3 2-Hydroxypropylmerkaptursäure (2-HPMA) ... 111

    4.4.2.4 3-Hydroxypropylmerkaptursäure (3-HPMA) ... 112

    4.4.2.5 3,4-Dihydroxybutylmerkaptursäure (DHBMA) und Monohydroxy-3-butenylmerkaptursäure (MHBMA) ... 113

4.5 Merkaptursäuren des 2-Chloroprens und des Epichlorhydrins ... 116

4.5.1 Ergebnisse ... 116

    4.5.1.1 Gehalte der Merkaptursäuren ... 116

    4.5.1.2 Korrelationen der Merkaptursäuren ... 118

    4.5.1.3 Weitere Einflussfaktoren: HOBMA ... 122

4.5.2 Diskussion ... 123

    4.5.2.1 3-Chlor-2-hydroxy-3-butenyl-Merkaptursäure (Cl-MA III) ... 125

    4.5.2.2 4-Hydroxy-3-oxobutyl-Merkaptursäure (HOBMA) ... 127

    4.5.2.3 3,4-Dihydroxybutyl-Merkaptursäure (DHBMA) ... 129

5 ZUSAMMENFASSUNG ... 133

6 SUMMARY ... 137

LITERATUR ... 141

ABKÜRZUNGSVERZEICHNIS

1-CEO	(1-Chlorethenyl)oxiran
2-CEO	2-Chlor-2-ethenyloxiran
2-HPMA	2-Hydroxypropylmerkaptursäure
3-HPMA	3-Hydroxypropylmerkaptursäure
3-MCPD	3-Monochlorpropandiol
ADH	Alkoholdehydrogenase
BAT	Biologischer Arbeitsstoff-Toleranzwert
BAR	Biologischer Arbeitsstoff-Referenzwert
CHPMA	3-Chlor-2-hydroxypropylmerkaptursäure
Cl-MA I	4-Chlor-3-oxobutylmerkaptursäure
Cl-MA II	4-Chlor-3-hydroxybutylmerkaptursäure
Cl-MA III	3-Chlor-2-hydroxy-3-butenylmerkaptursäure
Cyt P450	Cytochrom P450 Monooxidasen
DFG	Deutsche Forschungsgemeinschaft
DHBMA	3,4-Dihydroxybutylmerkaptursäure
DHPMA	2,3-Dihydroxypropylmerkaptursäure
DNA	Desoxyribonukleinsäure (engl. deoxyribonucleic acid)
EH	Epoxidhydrolase
EI	Elektronenstoßionisation
EKA	Expositionsäquivalente für krebserzeugende Arbeitsstoffe
ESI	Elektrospray-Ionisierung
GC	Gaschromatographie
GSH	Glutathion
GST	Glutathion-S-Transferase
HEMA	2-Hydroxyethylmerkaptursäure

HILIC	Hydrophile Interaktions-Flüssigkeitschromatographie (engl. hydrophilic interaction liquid chromatography)
HMVK	Hydroxymethylvinylketon (1-Hydroxy-3-buten-2-on)
HOBMA	4-Hydroxy-3-oxobutylmerkaptursäure
HPLC	Hochleistungsflüssigkeitschromatographie (engl. high performance liquid chromatography)
IARC	International Agency for Research on Cancer
IS	Interner Standard
LC	Flüssigkeitschromatographie
MA	Merkaptursäure
MAK	Maximale Arbeitsplatzkonzentration
Max	Maximalwert
ME	Matrixeffekt
MHBMA	Monohydroxy-3-butenylmerkaptursäure
Min	Minimalwert
Mio.	Millionen
MRM	Multi-Reaction-Mode
MS	Massenspektrometrie
NMR	Nukleare Magnet-Resonanz-Spektroskopie
NWG	Nachweisgrenze
Q_{high}	Qualitätskontrollprobe mit hoher Analytkonzentration
Q_{low}	Qualitätskontrollprobe mit niedriger Analytkonzentration
RAM	Restricted access material
RP	Umkehrphase (engl. reversed phase)
SPE	Festphasenextraktion (engl. solid phase extraction)
THBMA	2,3,4-Trihydroxybutylmerkaptursäure
WHO	Weltgesundheitsorganisation (engl. World Health Organization)

1 Einleitung und Zielstellung

Alkylierende Verbindungen sind aufgrund ihrer Reaktivität essentielle Ausgangsstoffe der chemischen Industrie. Häufig werden die Verbindungen direkt oder nach chemischer Aktivierung, z. B. durch eine Epoxidierung, zur industriellen Herstellung von Polymerverbindungen, wie Synthesekautschuk und Epoxidharzen, eingesetzt. Humantoxikologische Bedeutung erlangen alkylierende Verbindungen durch ihre Elektrophilie und die damit verbundene Fähigkeit, Alkylgruppen auf Makromoleküle des Körpers zu übertragen. Bifunktionelle Elektrophile können zudem auch Vernetzungsreaktionen mit DNA und/oder Proteinen bewirken. Solche DNA-Addukte und DNA-Quervernetzungen können, sofern sie von körpereigenen Reparaturmechanismen nicht behoben werden, zu Mutationen des Erbguts führen und kanzerogene Effekte auslösen [1-3].

Wichtige Vertreter industriell bedeutsamer Alkylantien mit nachweislich oder vermuteter genotoxischer und krebserzeugender Wirkung sind 1,3-Butadien, Acrolein, 2-Chloropren, Ethylen und Propylen sowie die Epoxidverbindungen Glycidol, Epichlorhydrin, Ethylenoxid und Propylenoxid. Ein toxikologisch relevantes Potential geht in der Regel nur von den Monomeren dieser Verbindungen aus. Bei Personen, die im Rahmen ihrer beruflichen Tätigkeit gegenüber den genannten alkylierenden Verbindungen exponiert sind, ist mit einer Aufnahme dieser Stoffe über die Atemluft und/oder die Haut und folglich mit einem erhöhten Krebsrisiko zu rechnen.

Neben beruflichen sind weitere anthropogene und natürliche Quellen für alkylierende Verbindungen von Bedeutung, die zu einer z. T. ubiquitären Verbreitung solcher Substanzen und folglich zu einer Hintergrundbelastung in der beruflich nicht exponierten Allgemeinbevölkerung führen. Als bedeutende Expositionsquelle gilt Tabakrauch, der eine Vielzahl an direkt und indirekt alkylierenden Substanzen enthält [4]. In den letzten Jahren sind zunehmend auch Stoffe in Lebensmitteln in den Fokus geraten, die ein alkylierendes Potential aufweisen oder die nach Aufnahme in den Körper zu Alkylantien abgebaut werden können. Dazu zählen neben natürlichen Lebensmittelinhaltsstoffen wie Ethylen, auch Substanzen, die erst bei der Verarbeitung von Lebensmitteln, in der Regel durch Erhitzung, entstehen und eine alkylierende Wirkung aufweisen (z. B. Acrolein, Glycidyl- und 3-MCPD-Fettsäureester) [5-8].

Es ist daher ein wichtiges Ziel der Arbeits- und Umweltmedizin sowohl berufliche als auch umweltbedingte Expositionen durch Messung der inneren Schadstoffbelastung zu erfassen, toxikologisch zu bewerten und damit zu einem präventiven Gesundheitsschutz von Arbeitnehmern und der Allgemeinbevölkerung beizutragen.

Die Bestimmung der inneren Belastung mit alkylierenden Verbindungen gelingt durch die Erfassung solcher Schadstoffe oder deren spezifischen Metaboliten in menschlichen Körperflüssigkeiten, wie Blut oder Urin. Diese Analyse gibt im günstigsten Fall sowohl Auskunft über die Art des aufgenommenen Gefahrstoffes als auch über dessen inkorporierte Dosis. Neben DNA- und Proteinaddukten sind vor allem Merkaptursäuren wichtige Biomarker, die in der Regel die Hauptmetabolite der betrachteten kurzkettigen alkylierenden Verbindungen stellen.

Merkaptursäuren entstehen durch Konjugation elektrophiler Substanzen mit körpereigenem Glutathion und werden mit einer Halbwertszeit von wenigen Stunden über den Urin ausgeschieden. Diese Biotransformation ist als Entgiftungsreaktion zu verstehen, in deren Verlauf lipophile, hochreaktive, toxische Substanzen in zumeist ungiftige, wasserlösliche Konjugate überführt werden. Damit dienen Merkaptursäuren als (Kurzzeit-) Biomarker, die anzeigen, ob in den letzten Stunden bis Tagen vor der Probenahme eine Belastungssituation mit bestimmten Alkylantien vorlag [9,10]. Voraussetzung dafür sind verfügbare und geprüfte Methoden, mit denen sich sensitiv und spezifisch verschiedene Merkaptursäuren im menschlichen Urin erfassen lassen.

Es war das Ziel der vorliegenden Arbeit, unter Einsatz der LC-MS/MS-Technik analytische Methoden zu entwickeln, zu validieren und anzuwenden, mit denen sowohl Hydroxyalkyl- als auch spezifische chlorhaltige Merkaptursäuren als Biomarker wichtiger alkylierender Verbindungen, im menschlichen Urin bestimmt werden können. Dabei lag ein Schwerpunkt der Arbeit auf der Entwicklung sogenannter Multimethoden, die eine simultane und zugleich ausreichend empfindliche Erfassung mehrerer Analyten ermöglichen. Die erarbeiteten Methoden sollten anschließend Anwendung finden sowohl zur Bestimmung der Biomarkergehalte im Urin der Allgemeinbevölkerung und im Urin von Personen, die beruflich gegenüber alkylierenden Verbindungen exponiert sind als auch zur Ableitung von Erkenntnissen zum Metabolismus bestimmter Alkylantien.

2 GRUNDLAGEN UND KENNTNISSTAND

2.1 Alkylierende Verbindungen

Als alkylierende Verbindungen (Alkylantien) werden Stoffe bezeichnet, die Alkylgruppen direkt oder indirekt übertragen und somit *in vivo* eine Alkylierung von DNA oder Proteinen verursachen können.

Abbildung 1 zeigt die in der vorliegenden Arbeit betrachteten alkylierenden Verbindungen. Dazu gehören neben den einfachen Epoxiden Ethylenoxid, Propylenoxid, Glycidol und Epichlorhydrin auch kurzkettige ungesättigte Verbindungen, wie Ethylen, Propylen, Acrolein, 1,3-Butadien und 2-Chloropren.

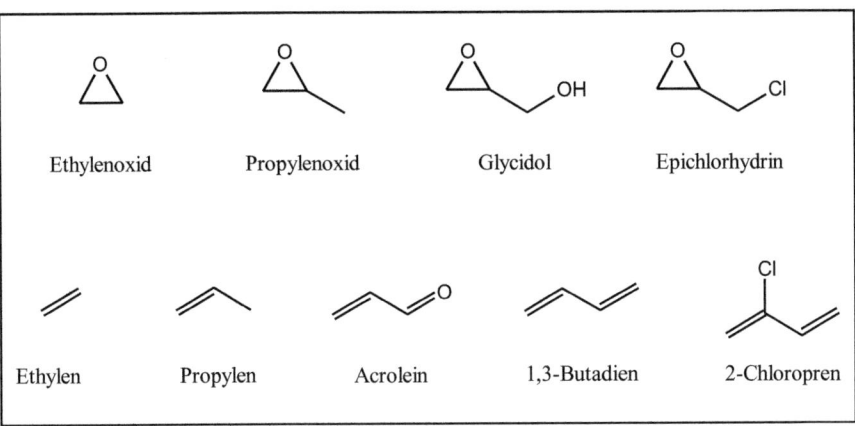

Abbildung 1: Chemische Strukturformeln der betrachteten alkylierenden Verbindungen.

Gemeinsames Merkmal dieser Substanzen ist ihre besonders hohe Reaktivität, die sie zu bevorzugten Ausgangsverbindungen für eine Vielzahl chemischer Synthesen werden lässt.

2.1.1 Verwendung

Die aufgeführten alkylierenden Verbindungen werden industriell vorwiegend als Ausgangsstoffe für die Herstellung von Polymeren eingesetzt und besitzen somit eine erhebliche wirtschaftliche

Bedeutung, die in den hohen jährlichen Produktionsmengen der Verbindungen zum Ausdruck kommt (siehe Tabelle 1).

Tabelle 1: Produktionszahlen und Verwendung alkylierender Verbindungen.

Verbindung	Produktionsmenge weltweit (Jahr) [t]	Produktionsmenge Deutschland (Jahr) [t]	Verwendung
Ethylen	54,5 Mio. (2004) [11]	5,2 Mio. (2004) [11]	Synthese von Polyethylen und weiteren Verbindungen
Propylen	34,1 Mio. (2004) [11]	3,9 Mio. (2004) [11]	Synthese von Polypropylen und weiteren Verbindungen
Acrolein	125.000 (1996) [11]	30.000 (1996) [11]	Synthese von Methionin und verschiedenen Polymeren
1,3-Butadien	9,3 Mio. (2005) [12]	1,0 Mio. (1999) [11]	Herstellung von Synthesekautschuk und weiterer Verbindungen
2-Chloropren	350.000 (2004) [11]	60.000 (1997) [13]	Polychloroprensynthese
Ethylenoxid	17 Mio. (2004) [14]	1,0 Mio. (2004) [14]	Vorstufe für chemische Synthesen, Sterilisationsmittel
Propylenoxid	3,6 Mio. (1998) [11]	0,7 Mio. (1998) [11]	Vorstufe für chemische Synthesen
Glycidol	4,5 Mio. [a] (1990) [15]	zwei produzierende Betriebe [b] [16]	Synthese von Epoxidharzen und Additiven, chirale Synthesen
Epichlorhydrin	715.000 (1999) [11]	vier produzierende Betriebe [b] [17]	

[a] Produktion und Import von Glycidol-Verbindungen in den USA.
[b] keine genauen Produktionszahlen verfügbar.

Ethylen und Propylen zählen heute mengenmäßig und mit steigender Tendenz zu den bedeutendsten Grundstoffen der organischen Chemie und dienen vorrangig als Ausgangsstoffe für die wichtigen Kunststoffe Polyethylen und Polypropylen [11]. Unter den Epoxidverbindungen kommt Ethylenoxid die größte wirtschaftliche Bedeutung zu. Als Besonderheit, im Vergleich zu den anderen aufgeführten Verbindungen, dient Ethylenoxid nicht nur als Ausgangsstoff für chemische Synthesen, sondern findet auch im großen Umfang als Sterilisationsmittel in der Medizin Verwendung [14]. Daneben sind insbesondere Butadien und Chloropren zu nennen, die zur Herstellung von wichtigen Synthesekautschuken dienen, die aufgrund ihrer hervorragenden Isoliereigenschaften vielfältig eingesetzt werden [11,13]. Tabelle 1 gibt einen kurzen Überblick über die Produktionsmengen der betrachteten alkylierenden Verbindungen sowie ihrer hauptsächlichen Anwendungsgebiete.

2.1.2 Expositionsquellen

2.1.2.1 Industrielle Quellen

Eine Exposition gegenüber den vorgestellten Substanzen kann insbesondere am Arbeitsplatz bei der Produktion der Verbindungen bzw. ihrer Weiterverarbeitung erfolgen. Dabei sind Koexpositionen gegenüber mehreren alkylierenden Stoffen möglich (z. B. durch die gemeinsame Produktion von Ethylen und Propylen oder von Butadien und Chloropren [18-20]).

Die industrielle Herstellung der genannten Verbindungen erfolgt gegenwärtig fast ausschließlich in geschlossenen Produktionsprozessen, wodurch eine berufliche Exposition mit solchen Schadstoffen in der Regel deutlich reduziert wird. Höhere Expositionen in der Monomerproduktion sind oft Folge kleinerer Leckagen oder Störungen an den Produktionsanlagen. Besonders hohe Expositionen der Beschäftigten können bei Unfällen oder bei der Säuberung bzw. Reparatur der Anlagen auftreten. Auch die anschließende Polymerproduktion ist ein geschlossener Prozess, bei dem allerdings häufiger Wartungsarbeiten an den Produktionsanlagen notwendig sind, so dass die Exposition der Beschäftigten in der Regel höher ausfällt [20]. Für Ethylenoxid ist zudem eine regelhafte berufliche Exposition von Krankenhauspersonal sowie von Beschäftigten in der Medizinprodukt-Herstellung bekannt, da diese Verbindung häufig zur sterilisierenden Begasung hitzeempfindlicher medizinischer Produkte eingesetzt wird [14].

Die aufgeführten Substanzen sind vorwiegend Ausgangsstoffe zur Herstellung verschiedener Polymerverbindungen (vergleiche Abschnitt 2.1.1). Obwohl Polymere als biochemisch inert gelten, verbleiben im Polymermaterial häufig geringe Mengen der Monomere, die aufgrund ihrer niedrigen molekularen Masse einer Migration (z. B. in Wasser oder Lebensmittel) unterliegen können [21].

Durch industrielle Emissionen gelangt ein Teil der produzierten Alkylantien in die Atmosphäre und führt zu einer Hintergrundbelastung. Die von der Industrie emittierten Gehalte sind allerdings seit einigen Jahren stark rückläufig [14,22-24] und zudem ist die atmosphärische Halbwertszeit durch die hohe Reaktivität der genannten alkylierenden Substanzen nur kurz und liegt im Bereich weniger Stunden [19,24]. Ausnahmen sind Ethylenoxid und Propylenoxid, deren Halbwertszeit in der Atmosphäre mehrere Wochen betragen kann [14,22].

2.1.2.2 Vorkommen in der Umwelt

Neben einer beruflichen und emissionsbedingten Exposition sind weitere anthropogene und umweltbedingte Quellen von Bedeutung. Der Einfluss dieser Quellen auf eine potentielle Exposition des Menschen gegenüber alkylierenden Verbindungen stellt sich bei den einzelnen betrachteten Substanzen durchaus unterschiedlich dar.

Ethylen und Propylen sowie deren Epoxide

Ethylen und Propylen entstehen ebenso wie Acrolein und Butadien bei der unvollständigen Verbrennung von organischem Material und gelangen demzufolge durch Auto- und Flugzeugabgase, Industrieemissionen oder auch Waldbrände in die Atmosphäre [18,19]. Daher stellt auch Tabakrauch eine bedeutende Quelle für Ethylen und Propylen sowie weiterer alkylierender Verbindungen dar (siehe Abschnitt 2.1.2.3). Propylen und in ungleich größerem Umfang das Phytohormon Ethylen sind darüber hinaus natürliche Stoffwechselprodukte, die in vielen Pflanzen und besonders in reifenden Früchten vorkommen [18,19]. Ferner entsteht Ethylen auch im menschlichen Stoffwechsel durch Lipidperoxidation bzw. Oxidation von freiem Methionin sowie durch den Metabolismus bestimmter Darmbakterien [6,25].

Nach Aufnahme werden Ethylen und Propylen im menschlichen Organismus über eine Phase-I-Reaktion (vergleiche Abschnitt 2.1.3) initial zu Ethylen- bzw. Propylenoxid metabolisiert [25,26]. Die aus dem physiologischen Ethylen erzeugte Menge an Ethylenoxid ist allerdings gering und liegt im ng-Bereich je kg Körpergewicht [27,28]. Im Unterschied zu Ethylenoxid ist ein natürliches Vorkommen von Propylenoxid nicht bekannt [22]. Die atmosphärische Belastung mit Ethylen und Propylen führt allerdings auch zu einer Hintergrundbelastung an den metabolischen Folgeprodukten Ethylenoxid und Propylenoxid. Die Ethylen- und Propylengehalte der Luft liegen aber meist im unteren, einstelligen $\mu g/m^3$-Bereich und steigen nur in stark belasteten Regionen (Städte mit sehr hohem Verkehrsaufkommen) auf über 100 $\mu g/m^3$ an [18,19]. Ethylenoxid entsteht darüber hinaus auch beim starken Erhitzen von fetthaltigen Lebensmitteln [29,30].

Acrolein

Ebenso wie Ethylen und Propylen entsteht auch Acrolein bei der unvollständigen Verbrennung von organischem Material und gelangt somit durch verschiedene Quellen in die Atmosphäre (siehe oben) [24,31]. Die mittleren Acroleingehalte in der Umgebungsluft liegen meist unter 1 $\mu g/m^3$ [24]. In der Innenraumluft werden demgegenüber bis zu 20fach höhere Gehalte gefunden, deren Quellen nicht abschließend bekannt sind, obwohl Tabakrauch und Kochdämpfe offensichtlich eine Rolle spielen (siehe unten) [24]. Acrolein kommt auch als Nebenprodukt von Fermentations- und Reifeprozessen in verschiedenen Lebensmitteln vor, wobei als mögliche Quelle der Abbaustoffwechsel von Glycerol diskutiert wird [5,32]. Zudem führt in fett- und kohlenhydrathaltigen Speisen ein hitzeinduzierter Abbau von Glycerol und Glucose zur Bildung von Acrolein [5,33]. Messbare Acroleingehalte von bis zu 1 mg/kg finden sich folglich in einer großen Bandbreite von Lebensmitteln, wie Obst und Gemüse, Käse, Fisch, einigen Fleischprodukten, alkoholhaltigen Getränken sowie erhitzten Nahrungsmitteln [24,31,32]. Eine endogene Bildung von Acrolein durch den menschlichen Metabolismus wird ebenfalls diskutiert [5,24].

Butadien

Auch Butadien ist als Nebenprodukt unvollständiger Verbrennungen organischer Substanzen (siehe oben) in der Umgebungsluft enthalten [12] und entsteht analog zu Ethylenoxid und Acrolein bei der Erhitzung fetthaltiger Lebensmittel [30,33]. Die Butadienkonzentration in der Umgebungsluft beträgt im Mittel 1 µg/m^3 [12], wobei fast 80 % dieser Hintergrundbelastung durch Verkehrsabgase verursacht werden und nur etwa 1,5 % aus Industrieemissionen stammen [23].

Glycidol, Epichlorhydrin und Chloropren

Ein relevantes natürliches Vorkommen von Glycidol sowie den chlorhaltigen Verbindungen Epichlorhydrin und Chloropren in der Umwelt ist nicht bekannt [13,34,35].

2.1.2.3 Tabakrauch

Durch die unvollständige Verbrennung der im Tabak enthaltenen Kohlenhydrate enthält Tabakrauch eine Vielzahl direkt und indirekt alkylierender Verbindungen (siehe Tabelle 2). Als direkte Alkylantien lassen sich die Epoxidverbindungen Ethylenoxid, Propylenoxid und Glycidol im Tabakrauch nachweisen, die allerdings nur in recht geringen Konzentrationen vorkommen. Deutlich höhere Gehalte finden sich an den indirekt alkylierend wirkenden Substanzen Ethylen, Propylen, Butadien und Acrolein, die erst nach Aufnahme in den Körper metabolisch aktiviert werden. Dabei können die Konzentrationen im Nebenstromrauch im Vergleich zu denen des Hauptstromrauchs um den Faktor 3 bis 4 höher liegen [12,36,37].

Tabelle 2: Gehalte der alkylierenden Verbindungen im Tabakrauch (Hauptstromrauch) von Zigaretten (k. A. = keine Angabe).

Alkylierende Verbindung	Gehalt im Hauptstromrauch [µg je Zigarette]	Referenz
Ethylen	400 - 2000	[18,38,39]
Propylen	1300 - 1400	[39]
Acrolein	50 - 250	[4,36]
1,3-Butadien	25 - 125	[4,36]
2-Chloropren	k. A.	
Ethylenoxid	7	[4]
Propylenoxid	0,1	[4]
Glycidol	Spuren	[40]
Epichlorhydrin	k. A.	

Tabakrauch ist somit eine wesentliche Quelle für die aufgeführten indirekt wirkenden Alkylantien. Demgegenüber treten die gemessenen Konzentrationen an Ethylen, Propylen, Acrolein und 1,3-Butadien in der normalen Umgebungsluft deutlich in den Hintergrund (vergleiche Abschnitt 2.1.2.2). So ist die Ethylen-Belastung eines Rauchers im Durchschnitt zehnmal höher als die durch die städtische Luft verursachte Belastung [18].

Über ein relevantes Vorkommen von Epichlorhydrin und Chloropren im Tabakrauch liegen keine Erkenntnisse vor.

2.1.3 Gefährdungspotential alkylierender Verbindungen

Die in der hier vorliegenden Arbeit betrachteten direkt oder indirekt wirkenden Alkylantien können als elektrophile Verbindungen DNA-Addukte bilden und auch DNA-Einzelstränge miteinander verbinden (crosslinks). Tabelle 3 nennt die jeweiligen reaktiven Verbindungen der neun untersuchten alkylierenden Substanzen sowie die durch *in-vitro-* oder *in-vivo-*Studien bestätigten DNA-Addukte.

Tabelle 3: Alkylierende Verbindungen und die Arten der Alkylierung.

Alkylierende Verbindung	reaktive Verbindung bzw. Metabolit	Bildung von DNA-Addukten Art der Alkylierung, crosslinks	Referenz
Ethylen	Ethylenoxid	siehe Ethylenoxid	
Propylen	Propylenoxid	siehe Propylenoxid	
Acrolein	Acrolein Glycidaldehyd	bestätigt, Acrolein: *in vitro*, Glycidaldehyd: *in vivo* (Nagetier) zyklische Addukte, DNA-Protein-crosslinks	[5,24,41]
1,3-Butadien	Monoepoxybuten Diepoxybutan Dihydroxyepoxybutan	bestätigt, *in vivo* (Mensch, Nagetier) N-(2,3,4-Trihydroxybutyl)-Addukte, DNA-crosslinks	[42-45]
2-Chloropren	(1-Chlorethenyl)oxiran 2-Chlor-2-ethenyloxiran	bestätigt, *in vitro* N-(3-Chlor-2-hydroxy-3-butenyl)-Addukte, DNA-crosslinks	[44,46,47]
Ethylenoxid	Ethylenoxid	bestätigt, *in vivo* (Mensch, Nagetier) N-(2-Hydroxyethyl)-Addukte, DNA-Protein-crosslinks	[48-51]
Propylenoxid	Propylenoxid	bestätigt, *in vivo* (Nagetier) N-(2-Hydroxypropyl)-Addukte	[26,52,53]
Glycidol	Glycidol	bestätigt, *in vitro* N-(2,3-Dihydroxypropyl)-Addukte	[54,55]
Epichlorhydrin	Epichlorhydrin	bestätigt, *in vivo* (Nagetier) N-(3-Chlor-2-hydroxypropyl)-Addukte, DNA-crosslinks *in vitro*	[44,56,57]

Während direkt alkylierend wirkende Verbindungen bereits als solche Alkylgruppen auf DNA-Nucleotide oder Proteine übertragen können, werden indirekt alkylierend wirkende Stoffe erst im Organismus zu elektrophilen Intermediaten metabolisiert und damit aktiviert. In dieser sogenannten Phase-I-Reaktion der Biotransformation wird, katalysiert durch die Cytochrom P450-Enzymfamilie, eine freie polare Gruppe in ein lipophiles Substrat eingeführt (Funktionalisierung). Häufig wird dabei durch oxidative Reaktion eine Doppelbindung in eine Epoxidfunktion überführt. Das erhöht die Wasserlöslichkeit, führt aber gleichzeitig zu einer metabolischen Aktivierung des Fremdstoffes. Allerdings kann das gebildete elektrophile Epoxid in einer anschließenden Phase-II-Reaktion durch Konjugation mit körpereigenen, niedermolekularen Stoffen, wie z. B. Glutathion, unter Bildung ungängiger Metabolite entgiftet werden. Alternativ kann auch eine Hydrolyse (z. B. durch Epoxidhydrolasen) ablaufen. Dies erhöht ebenfalls die Wasserlöslichkeit und erleichtert somit die Ausscheidung über Urin oder Galle [2]. Im Rahmen der Phase-II-Reaktion erfolgt somit in der Regel eine aktive Entgiftung des Fremdstoffes, wodurch eine Alkylierung biologischer Makromoleküle, wie der DNA, verhindert wird.

Angriffspunkte für DNA-Alkylierungen sind nucleophile DNA-Stellen, bevorzugt die N7-Position des Guanins, die sich durch eine hohe Nucleophilie auszeichnet und sterisch begünstigt ist [58]. Alle in Tabelle 3 aufgeführten Verbindungen bilden nachweislich direkt oder indirekt über kovalente Bindungen DNA-Addukte. In einigen Fällen ist dieser Nachweis sogar bereits *in vivo* beim Menschen erfolgt. So zeigen beruflich gegenüber 1,3-Butadien bzw. Ethylenoxid exponierte Menschen signifikant erhöhte Level an den betreffenden DNA-Addukten. Einige der aufgeführten Stoffe können nachweislich auch DNA-Einzelstränge miteinander verbinden (DNA-crosslinks) oder zu DNA-Protein-crosslinks, also einer Vernetzung von DNA und Proteinen, führen (vergleiche Tabelle 3).

Derartige DNA-Schäden, die dazu führen können, dass genetische Informationen verändert werden oder nicht mehr korrekt ablesbar sind, sind potentielle Ausgangspunkte für Mutationen und weiterführende kanzerogene Effekte. Im Normalfall werden solche Schäden durch DNA-Reparatursysteme erkannt und behoben. Allerdings ist auch der körpereigene Reparaturprozess nicht fehlerfrei, so dass Addukte übersehen oder fehlerhaft repariert werden können. Vor allem die erwähnten Vernetzungsreaktionen können zu weitreichenden Änderungen der DNA-Konformation führen, die eine Replikation oder Reparatur der DNA auch komplett verhindern können [59].

Eine solche Schädigung der DNA ist eine notwendige, wenn auch nicht hinreichende, Vorraussetzung für die Entstehung von Krebs. So steht die Bildung von DNA-Addukten zwar nicht zwingend im Zusammenhang mit der Entstehung von Mutationen und einer folgenden eventuellen Kanzerogenese. Mit der Zunahme der Expositionsdosis gegenüber alkylierenden Verbindungen nehmen aber die in Tabelle 3 aufgeführten DNA-Schäden zu, womit folglich auch das Risiko einer Tumorentstehung ansteigt [1,60,61].

Nach Lithner et al. (2011) [21] besitzen die für die Polymerproduktion häufig eingesetzten Monomere Ethylenoxid, Propylenoxid, Butadien und Epichlorhydrin ein besonders hohes Gefährdungspotential. Ursache ist einerseits die toxikologische Einstufung als krebserzeugende Verbindungen und andererseits die sehr hohen Produktionszahlen und weltweite Verbreitung der daraus hergestellten Polymere. Nach Leber (2001) [62] ist allerdings das tatsächliche Gefährdungspotential für den Endverbraucher aufgrund einer potentiellen Monomer-Migration aus dem Polymeren als gering einzustufen, da die Restmonomergehalte in den Polymeren meist sehr niedrig sind. Betroffen sind daher vorrangig Beschäftigte in der industriellen Produktion, die gegenüber diesen alkylierenden Verbindungen regelmäßig exponiert sind.

2.1.4 Toxikologische Eigenschaften

2.1.4.1 Einstufung krebserzeugender Stoffe

Die Bewertung der Kanzerogenität chemischer Substanzen erfolgt in Deutschland im Rahmen der MAK- und BAT-Werte-Liste der Deutschen Forschungsgemeinschaft (DFG) [63]. Im internationalen Raum hat die *International Agency for Research on Cancer* (IARC), als Zweigstelle der Weltgesundheitsorganisation (WHO), Kriterien zur Einstufung krebserzeugender Substanzen erarbeitet [64]. Die Erläuterung der Kategorien der DFG und der IARC sind Tabelle 4 zu entnehmen. Für die meisten krebserzeugenden Stoffe lässt sich kein Schwellenwert, d. h. eine Konzentration unterhalb derer keine negativen Auswirkungen zu erwarten sind, definieren. Prinzipiell können daher auch kleinste Dosen krebserzeugender Substanzen kanzerogen wirken bzw. sich hinsichtlich ihrer Wirkung summieren [2]. Eine Ableitung von Grenzwerten und tolerierbaren Dosen ist für solche Verbindungen demzufolge nicht möglich. Sofern es die Datenlage zulässt, können für Stoffe der Kategorie 1 bis 3 (DFG) allerdings sogenannte EKA-Korrelationen (Expositionsäquivalente für krebserzeugende Arbeitsstoffe) angegeben werden, die eine Beziehung zwischen der Stoffkonzentration in der Luft am Arbeitsplatz und der Stoff- bzw. Metabolitenkonzentration im biologischen Material erstellen [63].

Tabelle 4: Einstufung krebserzeugender Stoffe nach DFG (national) [63] und IARC (international) [64].

Kategorie	DFG	IARC
1	Stoffe, die beim Menschen Krebs erzeugen [...].	Der Stoff ist krebserzeugend beim Menschen.
2	Stoffe, die als krebserzeugend für den Menschen anzusehen sind [...] durch hinreichende Ergebnisse aus Langzeit-Tierversuchen [...].	2A: Der Stoff ist wahrscheinlich krebserzeugend beim Menschen. 2B: Der Stoff ist eventuell krebserzeugend beim Menschen.
3	Stoffe, die wegen erwiesener oder möglicher krebserzeugender Wirkung Anlass zur Besorgnis geben, aber aufgrund unzureichender Informationen nicht endgültig beurteilt werden können. [...].	Der Stoff ist nicht klassifizierbar hinsichtlich der Kanzerogenität beim Menschen.
4	Stoffe mit krebserzeugender Wirkung, bei denen genotoxische Effekte keine oder nur eine untergeordnete Rolle spielen [...].	Der Stoff ist wahrscheinlich nicht krebserzeugend beim Menschen
5	Stoffe mit krebserzeugender und genotoxischer Wirkung, deren Wirkungsstärke jedoch als so gering erachtet wird [...].	---

2.1.4.2 Einstufung und Toxizität der betrachteten Substanzen

Zusammenfassend gibt Tabelle 5 einen Überblick über die toxikologischen Daten der neun betrachteten alkylierenden Verbindungen. Die speziellen toxikologischen Eigenschaften der Substanzen werden anschließend detailliert diskutiert.

Alle in Tabelle 5 aufgeführten Verbindungen weisen ein kanzerogenes Potential auf und werden deshalb von DFG und IARC in die Kanzerogenitäts-Kategorien 1 bis 3 eingeordnet. Die beobachteten genotoxischen und kanzerogenen Wirkungen der Substanzen werden mehrheitlich auf die direkt alkylierende Wirkung der (z. T. intermediär gebildeten) Epoxidverbindungen zurückgeführt. Diese können Addukte mit DNA und anderen Makromolekülen bilden und somit Änderungen im genetischen Material auslösen, die kanzerogene Wirkungen zur Folge haben können (vergleiche Abschnitt 2.1.3).

Butadien und Ethylenoxid werden von der IARC in die höchste Kategorie 1 eingeordnet. Beide Substanzen gelten zudem als Keimzellmutagene der Kategorie 2, d. h. sie verursachen im

Tierversuch nachweislich Schädigungen des Erbgutmaterials. Auch Epichlorhydrin steht im Verdacht keimzellmutagen zu wirken und ist derzeit in Kategorie 3B eingestuft
Für Ethylen, Propylen und Acrolein gibt es zwar Anhaltspunkte für eine kanzerogene Wirkung beim Menschen, allerdings ist die Datenlage für eine eindeutige Klassifizierung derzeit nicht ausreichend. Ganz allgemein gilt, dass die Einordnung in die Kanzerogenitätskategorien nach DFG und IARC eher Ausmaß und Qualität der Indizien als die tatsächliche Wirkungsstärke widerspiegelt [58].

Tabelle 5: Toxikologische Daten und Einstufung der betrachteten alkylierenden Verbindungen nach DFG und IARC [63,64].

Substanz	Krebserzeugend Kategorie [*]	EKA-Korrelation	Weitere toxikologische Einstufungen
Ethylen	3 (DFG, 1993) 3 (IARC, 1994)	Hydroxyethylvalin im Blut	---
Ethylenoxid	2 (DFG, 2002) 1 (IARC, 2008)	Hydroxyethylvalin im Blut	Keimzellmutagen Kategorie 2 Gefahr der Hautresorption (H)
Propylen	3 (IARC, 1994)	---	---
Propylenoxid	2 (DFG, 2003) 2B (IARC, 1994)	---	Gefahr der Hautresorption (H)
Glycidol	2 (DFG, 2000) 2A (IARC, 2000)	---	Gefahr der Hautresorption (H)
Epichlorhydrin	2 (DFG, 2003) 2A (IARC, 1999)	---	Keimzellmutagen Kategorie 3B Gefahr der Hautresorption (H) Gefahr der Hautsensibilisierung (Sh)
Butadien	1 (DFG, 1998) 1 (IARC, 2008)	DHBMA im Urin	Keimzellmutagen Kategorie 2
Chloropren	2 (DFG, 2001) 2B (IARC, 1999)	---	Gefahr der Hautresorption (H)
Acrolein	3 (DFG, 1997) 3 (IARC, 1995)	---	---

[*] zur Erläuterung der Kanzerogenitäts-Kategorien siehe Tabelle 4.

Ethylen und Ethylenoxid

Ethylenoxid wirkt akut reizend auf Haut und Schleimhäute. Als direkt alkylierendes Agens bildet es *in vivo* Addukte mit DNA und Proteinen [49,51,65,66] und erwies sich im Tierversuch als mutagen [48,50,58] und kanzerogen [14,58]. Zudem gilt Ethylenoxid als Keimzellmutagen [67]. Demgegenüber zeigt Ethylen, abgesehen von einer narkotischen Wirkung bei hohen Expositionsdosen, keine akute oder chronische Toxizität. Eine genotoxische oder kanzerogene Wirkung konnte ebenfalls nicht nachgewiesen werden [18,68]. Allerdings wird Ethylen initial zum kanzerogenen Ethylenoxid metabolisiert [25,28,66]. Auch wenn die Metabolisierungsrate und --geschwindigkeit recht gering sind [18,68] und vermutlich eine schnelle Entgiftung durch Hydrolyse oder Konjugation erfolgt, kann ein kanzerogenes Risiko für den Menschen durch eine Ethylenexposition nicht ausgeschlossen werden. Zudem wurden beim Menschen nach Exposition gegenüber Ethylen oder Ethylenoxid jeweils erhöhte Gehalte an Hydroxyethyl-Addukten am Hämoglobin gefunden [66,69-71]. Da Hämoglobinaddukte im Allgemeinen als Surrogate für DNA-Addukte angesehen werden [49,72], deuten diese Befunde auf ein kanzerogenes Potential beider Verbindungen hin. Aufgrund der guten Datenlage hat die DFG eine EKA-Korrelation aufgestellt, die den linearen Zusammenhang zwischen äußerer Ethylen- bzw. Ethylenoxid-Belastung und dem Gehalt des Hämoglobinaddukts Hydroxyethylvalin im Blut beschreibt [63].

Propylen und Propylenoxid

Propylenoxid wirkt akut reizend bis ätzend auf Augen, Haut und Schleimhäute [73]. Eine chronische Exposition führt im Tierversuch zur Entzündung der Atemwege [22]. Zahlreiche Untersuchungen belegen das mutagene Potential von Propylenoxid, das im direkten Vergleich zu Ethylenoxid, aber deutlich schwächer ausgeprägt ist [52,58]. Auch die Adduktbildungsrate an DNA und Hämoglobin ist um das vier- bis zehnfache geringer als die des Ethylenoxids [26,74]. Im Tierversuch ist Propylenoxid eindeutig kanzerogen [22,52].

Für Propylen ist dagegen weder eine akute Toxizität bekannt noch zeigt die Substanz im Tierversuch mutagene oder kanzerogene Wirkungen. Analog zum Fall Ethylen/Ethylenoxid (siehe oben) ist die Propylenoxid-Bildungsrate aus Propylen vermutlich zu gering, um negative Auswirkungen auf den Menschen zu zeigen [53,75,76]. Ein kanzerogenes Risiko kann dennoch nicht ausgeschlossen werden, was zur Einstufung der Substanz in die Kanzerogenitätskategorie 3 führt.

Glycidol

Glycidol wirkt akut haut- und schleimhautreizend und zeigt im Tierversuch nach chronischer Exposition neuro- sowie reproduktionstoxische Wirkungen. Eine genotoxische bzw. mutagene Aktivität ist *in vitro* und *in vivo* belegt [77,78], ebenso wie die kanzerogene Wirkung im Tierversuch, die allerdings von der Applikationsart abhängt [79,80]. Als direkt alkylierend wirkendes Agens bildet Glycidol ohne weitere metabolische Aktivierung Addukte mit Makromolekülen. Eine Adduktbildung mit DNA wurde *in vitro* bestätigt [54,55].

Epichlorhydrin

Wie alle betrachteten Epoxide wirkt auch Epichlorhydrin augenreizend sowie akut haut- und schleimhautschädigend. Eine chronische und subchronische Applikation führt bei Nagetieren zu einer Vielzahl neurotoxischer Wirkungen und Schädigungen von Leber, Lunge und Niere. Sensibilisierende bzw. kontaktallergene Effekte werden diskutiert [35,81]. Epichlorhydrin wirkt *in vitro* und *in vivo* genotoxisch und im Tierversuch lokal krebserzeugend [35,58,78]. Die Bildung von DNA- und Proteinaddukten *in vivo* ist ausreichend belegt [56,57,82]. Aufgrund seiner Bifunktionalität kann Epichlorhydrin Vernetzungsreaktionen zwischen nucleophilen Seitenketten erzeugen [35,44], was das genotoxische Potential der Verbindung unterstreicht.

Butadien

Die akute Toxizität von Butadien ist gering. Eine schädigende neurotoxische Wirkung sowie Reizungen der Haut und Atemwege treten erst bei sehr hohen Konzentrationen auf, die an heutigen Arbeitsplätzen kaum noch von Bedeutung sind. Chronische Toxizitätsstudien belegen aber eindeutig kanzerogene sowie keimzellmutagene Effekte am Tier [12,83], die wahrscheinlich auf den intermediär gebildeten Epoxiden beruhen. Durch epidemiologische Studien wurden auch Hinweise auf eine kanzerogene Wirkung beim Menschen gefunden [12,84]. Das mit Abstand größte genotoxische Potential weist der Metabolit Diepoxybutan auf (vergleiche Abschnitt 2.2.2.5), der aufgrund seiner Bifunktionalität auch Vernetzungsreaktionen zwischen nucleophilen Seitenketten verursachen kann [44,84,85].

Eine zunehmende Butadienbelastung in der Luft geht bei beruflich exponierten Personen mit einem Anstieg der Ausscheidung an 3,4-Dihydroxybutylmerkaptursäure (DHBMA) im Urin einher [84-86]. Dieser lineare Zusammenhang wird von der DFG in einer entsprechenden EKA-Korrelation beschrieben [63].

Chloropren

Bei hohen Expositionsdosen wirkt Chloropren akut reizend auf Augen, Haut und Atemwege und führt zu Schäden an Lunge, Leber und Nieren. Dies kann eine akute Suppression des Nervensystems sowie Atemstillstand und Tod zur Folge haben [87,88]. Die Symptome einer chronischen Toxizität werden mit Kopfschmerzen, Müdigkeit, sowie vielfältigen Erkrankungen der Haut und Atemwege beschrieben [35,89]. Im Tierversuch wirkt Chloropren nach inhalativer Einwirkung kanzerogen [13,90]. Analog zum Butadien wird die krebserzeugende Wirkung der intermediären Bildung der reaktiven Epoxidverbindungen (1-Chlorethenyl)oxiran (1-CEO) und 2-Chlor-2-ethenyloxiran (2-CEO) zugeschrieben (vergleiche Abschnitt 2.2.2.6). Für den Hauptmetaboliten 1-CEO wurde die Bildung von DNA- und Proteinaddukten *in vitro* bestätigt [47,91]. Zudem weist das bifunktionale 1-CEO ein ähnlich hohes Potential zur Vernetzung von DNA-Strängen auf wie Epichlorhydrin [44].

Acrolein

Acrolein ist akut hoch toxisch und führt zur starken Reizung der Augen und Atemwege sowie des Magen-Darmtrakts. Längere (inhalative) Expositionen bewirken krankhafte Veränderungen an Atemwegen und Lunge und ziehen verschiedene neurotoxische Wirkungen nach sich. Analog, aber weniger ausgeprägt, sind die Symptome nach dermaler oder oraler Exposition [24,31]. *In vitro* ist Acrolein eindeutig genotoxisch. Zur Kanzerogenität gibt es aber nur vereinzelte und nicht hinreichend belegte Hinweise aus Tierversuchen [31]. Dagegen gilt Glycidaldeyhd, als oxidativer Metabolit des Acroleins im Tierversuch, als eindeutig kanzerogen [41]. Vermutlich wird Acrolein im menschlichen Organismus sehr schnell durch eine direkte Konjugation mit Glutathion entgiftet, so dass der Stoffwechselweg zur kanzerogenen Epoxidform von untergeordneter Bedeutung ist [24,31]. Von den organischen Luftschadstoffen stellt Acrolein aber aufgrund seiner hohen Reaktivität eines der größten, nicht krebsauslösenden, Gesundheitsrisiken dar [5,92]. Acrolein ist zudem ein potentes Umweltgift, das vor allem auf Wasserorganismen akut toxisch wirkt [24].

2.2 Merkaptursäuren

2.2.1 Grundlagen der Merkaptursäurebildung

Die Bildung von Merkaptursäuren ist ein universeller Entgiftungsmechanismus des Körpers gegenüber einer Vielzahl elektrophiler Substanzen [2,93] und beruht initial auf der Konjugationsreaktion von Elektrophilen mit dem Tripeptid Glutathion (GSH, siehe Abbildung 2).

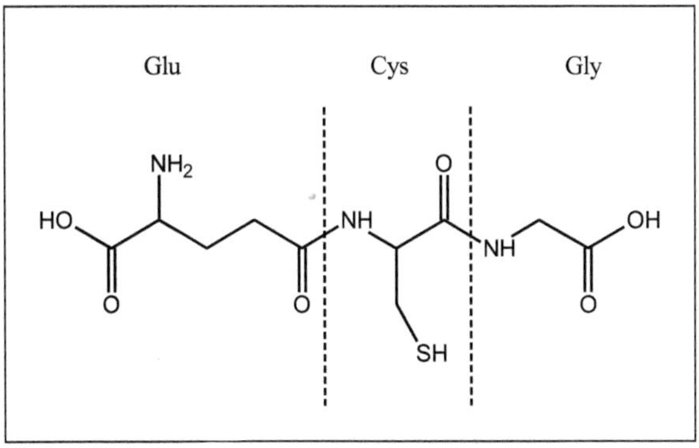

Abbildung 2: Struktur des Tripeptids Glutathion (GSH) bestehend aus den Aminosäuren Glutaminsäure (Glu), Cystein (Cys) und Glycin (Gly).

Glutathion findet sich in fast allen Geweben des menschlichen Körpers und liegt dort im µmol/g-Bereich vor, ist aber vor allem in Leber und Niere in recht hohen Konzentrationen enthalten [94,95]. GSH wird in den Zellen aus den Aminosäuren Glutaminsäure, Cystein und Glycin synthetisiert und anschließend in den extrazellulären Raum transportiert [96]. Das Gleichgewicht zwischen reduziertem (GSH) und oxidiertem Glutathion (Disulfid GSSG) bildet ein wichtiges Redoxsystem des Körpers, wobei zu etwa 98 % die reduzierte Form vorliegt [94]. Reduziertes GSH dient als körpereigenes Antioxidans, indem es als H-Donor für reaktive Sauerstoffspezies fungiert und den Körper so vor oxidativem Stress schützt. GSH stellt zudem eine Speicher- und Transportform für die freien Aminosäuren dar, ist an der Synthese von DNA-Nucleotiden beteiligt und spielt eine Rolle bei der Regulation einiger Enzyme [96-98]. Eine bedeutende Funktion von GSH ist aber nicht zuletzt die Inaktivierung elektrophiler Substanzen durch Konjugation, die schließlich zur Bildung und Ausscheidung von Merkaptursäuren, als metabolische Endprodukte, führt [93,95,99].
Die Merkaptursäurebiosynthese ist komplex und verläuft in mehreren Organen unter Beteiligung einer Vielzahl von Enzymsystemen. Eine schematische Übersicht der Reaktionsabläufe ist in

Abbildung 3 dargestellt. Nach GSH-Konjugation in der Leber erfolgt zunächst eine enzymatische Abspaltung von Glutaminsäure und Glycin in Galle oder Niere. Das resultierende Cystein-S-Konjugat wird dann abschließend in die Leber zurücktransportiert und an der Amingruppe in einer reversiblen Reaktion zur Merkaptursäure acetyliert.

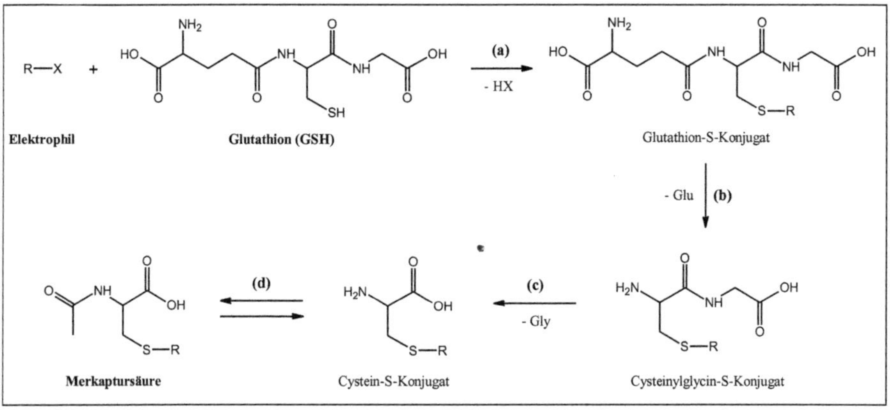

Abbildung 3: Bildungsweg von Merkaptursäuren, ausgehend von einer elektrophilen Verbindung RX, nach Commandeur et al. (1995) [95]. Die einzelnen Reaktionsschritte werden durch folgende Enzyme katalysiert: (a) Glutathion-S-Transferase, (b) γ-Glutamyltranspeptidase, (c) Cysteinglycindipeptidase, (d) N-Acetyltransferase.

Die tatsächliche Biotransformation von Glutathion-S-Konjugaten ist aber um einiges vielfältiger und wurde von Commandeur et al. (1995) [95] in einem Review ausführlich dargestellt. So kann fast jedes der in Abbildung 3 dargestellten Zwischenprodukte weitere Nebenreaktionen, wie Oxidationen, Reduktionen, Decarboxylierungen oder andere Konjugationsreaktionen eingehen. Abgesehen von den Merkaptursäuren können somit ausgehend von Glutathion-S-Konjugaten z. B. auch Thiole, Cystein-S-Konjugat-Sulfoxide oder S-Glucuronide gebildet und ausgeschieden werden.

2.2.1.1 Glutathion-Konjugation

Die initiale Konjugationsreaktion mit GSH wird durch das körpereigene Enzym Glutathion-S-Transferase katalysiert [2,95] und stellt den wichtigsten Schritt des Merkaptursäurewegs zur Inaktivierung alkylierend wirkender Substanzen dar. In Abhängigkeit von der chemischen Struktur des Elektrophils kann diese Reaktion auch spontan ablaufen. Nach Coles (1984) [100] reagiert GSH als „weiches" Nucleophil bevorzugt mit „weichen" Elektrophilen, während „harte" Nucleophile, wie z. B. die DNA-Basen, spontane Reaktionen nur mit „harten" Elektrophilen eingehen. Zu den weichen Elektrophilen, also Substanzen, die leicht polarisierbar sind und deren Ladung über einen großen Bereich verteilt ist, zählen Aldehyde und Verbindungen mit polarisierten Doppelbindungen, wie z. B. Acrolein oder Chloropren. Zu den „harten" Elektrophilen gehören dagegen die Epoxidverbindungen, die eine hohe, lokalisierte Ladung aufweisen und nur schlecht polarisierbar sind. Epoxide reagieren daher eher mit harten Nucleophilen, wie etwa den funktionellen Gruppen in Purin- und Pyrimidinbasen und können dadurch eine spontane DNA-Alkylierung bewirken [100]. Eine spontane GSH-Konjugation ist für Epoxidverbindungen folglich von untergeordneter Bedeutung. Eine relevante Umsetzung mit GSH erfolgt allerdings, wenn eine effektive enzymatische Katalyse durch die Glutathion-S-Transferase (GST) stattfindet. Ebenso wie GSH ist auch das Enzym GST in fast allen menschlichen Geweben enthalten. Eine besonders hohe Enzymaktivität ist in der Leber zu finden, in der die GSH-Konjugation hauptsächlich stattfindet [95]. Die Enzymfamilie der Glutathion-S-Transferasen umfasst drei Protein-Hauptgruppen: cytosolische GST, mitochondriale GST sowie microsomale GST, wobei letztere auch als MAPEG (*membrane-associated proteins in eicosanoid and glutathione metabolism*) bezeichnet werden [101]. Die Umsetzung kurzkettiger alkylierender Verbindungen mit GSH wird vorrangig durch cytosolische GSTs katalysiert. Diese werden in mehrere Klassen eingeteilt. Davon sind sieben für den menschlichen Organismus von Bedeutung: Alpha-, Mu-, Pi-, Sigma-, Theta-, Omega- und Zeta-GSTs. Obwohl die GST-Klassen z. T. überlappende Substratspezifitäten zeigen [102], ist bekannt, dass z. B. GST-Theta-1-Enzyme (GSTT1) viele Epoxidverbindungen, wie Ethylenoxid [103] und Butadienmonoepoxid umsetzen, während die Umsetzung von Acrolein bevorzugt durch GST-Pi-1-Enzyme (GSTP1) katalysiert wird [101].

2.2.1.2 Abbau der Glutathion-Konjugate zu Merkaptursäuren

Nach erfolgter Konjugation werden die GSH-Konjugate über spezielle Transporterenzyme aktiv aus der Zelle transportiert [96,101]. Dort erfolgt im Anschluss die Abspaltung von Glutaminsäure und Glycin (vergleiche Abbildung 3), die dem Körper dadurch wieder für eine GSH-Neusynthese zur Verfügung stehen. Durch den aktiven Transport der Konjugate in den extrazellulären Raum wird eine intrazelluläre Akkumulation vermieden, die zu einer Inhibierung der GST-Enzymaktivität führen würde [95]. Zudem sind die für die Abspaltung der Aminosäurereste verantwortlichen Hydrolasen γ-Glutamyltranspeptidase und Cysteinglycindipeptidase größtenteils membrangebunden, wobei sich das aktive Zentrum an der Zellaußenseite befindet [95,96]. Die Konversion der

GSH-Konjugate zu Cystein-S-Konjugaten findet bevorzugt in der Niere (oder auch in der Galle [104]) statt, in denen die höchsten Enzymaktivitäten der beteiligten Hydrolasen zu finden sind [95].

Der abschließende Schritt der Biotransformation zu Merkaptursäuren stellt die N-Acetylierung des Cystein-S-Konjugates dar. Das dafür verantwortliche Enzym, die N-Acetyltransferase, ist in vielen Geweben zu finden, der Hauptort der N-Acetylierung ist aber offensichtlich die Leber [95,104]. Die Konjugate werden deshalb aus der Niere aktiv in die Leber zurücktransportiert. Im Anschluss erfolgt die Abgabe der gebildeten Merkaptursäuren in den Körperkreislauf. Diese werden dann erneut zu den Nieren transportiert und mit dem Urin ausgeschieden. Leber und Niere stellen somit die beiden wichtigsten Organe der Merkaptursäurebiosynthese dar.

Wie gezeigt, verläuft die Biotransformation von alkylierenden Verbindungen zu Merkaptursäuren unter Beteiligung vieler Enzymsysteme. Neben den o. g. Enzymen spielt bei indirekt alkylierend wirkenden Substanzen die Enzymgruppe der Cytochrom-P450-Monooxidasen eine entscheidende Rolle. Die von diesen Enzymen katalysierte Oxidation zu Epoxiden führt zu einer elektrophilen Aktivierung von an sich recht unreaktiven Verbindungen, wie Ethylen, Propylen oder Butadien. Eine Entgiftung der gebildeten Epoxide kann dann z. B. durch eine GSH-Konjugation erfolgen.

2.2.1.3 Polymorphismen

Aufgrund ihrer entscheidenden Rolle bei Entgiftungs- bzw. Aktivierungsprozessen, beeinflusst die relative Aktivität der beteiligten Enzyme sowohl die Ausscheidungsrate der Merkaptursäuren über den Urin als auch die Menge an reaktiven Substanzen, die toxische Reaktionen im Gewebe auslösen können [95]. Mehrere Enzyme, wie die Enzymfamilie der Glutathion-S-Transferasen, die N-Acetyltransferasen sowie die Cytochrom P450-Enzyme zeigen einen genetischen Polymorphismus [102,105,106], also populationsinterne Genvarianten, die verschiedene Enzymaktivitäten bzw. Substratspezifitäten aufweisen können. Es ist wahrscheinlich, dass diese Abweichungen zu den individuellen Unterschieden in der Verstoffwechslung von Fremdstoffen beitragen. So wird angenommen, dass Träger mit hoher GST-Enzymaktivität stark reaktive elektrophile Substanzen schneller entgiften und somit besser vor ihnen geschützt sind [95,105,107]. Allerdings erlangen diese differierenden Enzymaktivitäten erst bei sehr hohen Belastungen mit elektrophilen Substanzen eine gewisse Relevanz und sollten in ihrer Wirkung nicht überschätzt werden [101].

Für Ethylenoxid, als Substrat von GSTT1 [103,107-109], gibt es eine Reihe von Untersuchungen zum Einfluss der Aktivität dieses Enzyms. Etwa 20 % der hellhäutigen Europäer zeigen den Genotyp GSTT1-null [14,105] und zählen zu den sogenannten langsamen Konjugierern [102,105,109]. In einer Studie von Yong et al. (2001) [108] wurden bei beruflich gegenüber Ethylenoxid exponierten

Personen geringfügig aber signifikant erhöhte Level des Hämoglobinaddukts Hydroxyethylvalin gefunden, sofern diese Träger des GSTT1-null-Genotyps waren. Da Hämoglobinaddukte als Surrogat für entsprechende DNA-Addukte gelten können [49,72], deuten diese Ergebnisse auf ein erhöhtes Krebsrisiko von GSTT1-null-Trägern hin. Den Einfluss des GSTT1-Genotyps auf die Ausscheidung der Merkaptursäure HEMA untersuchten Haufroid et al. (2007) [107] bei 80 beruflich gegenüber Ethylenoxid exponierten Beschäftigten eines Krankenhauses. Angesichts des zwar nachweisbaren, aber geringfügigen Einflusses der genetischen Disposition kamen sie zu dem Schluss, dass die Expositionshöhe die wichtigste Determinante für die Höhe der Merkaptursäure-Ausscheidung darstellt. Dennoch ist der Polymorphismus bestimmter Enzyme offensichtlich eine von mehreren Ursachen für die z. T. recht hohen individuellen Schwankungen der Merkaptursäuregehalte im Urin.

2.2.2 Metabolismus und Toxikokinetik alkylierender Verbindungen

Die Grundzüge der Biotransformation lipophiler Xenobiotica durch die Funktionalisierungsreaktionen der Phase I (Einfügen funktioneller Gruppen) und die Konjugationsreaktionen der Phase II (Konjugation mit körpereigenen wasserlöslichen Stoffen) wurden bereits im Abschnitt 2.1.3 skizziert. Abhängig von der Art des aufgenommenen Gefahrstoffs kann sich der Ablauf der Biotransformation unterscheiden. Für die hier betrachteten alkylierenden Verbindungen lassen sich Metabolisierungsabläufe erstellen, die z. T. schon beim Menschen bestätigt, z. T. aber auch Tierversuchen oder *in-vitro*-Experimenten entstammen.

2.2.2.1 Ethylen und Ethylenoxid

Die Biotransformation von Ethylen verläuft im menschlichen Metabolismus über die initiale Bildung von Ethylenoxid [25,28], so dass beide Verbindungen hier gemeinsam besprochen werden können. In Abbildung 4 ist ein Metabolismusschema beider Verbindungen dargestellt. Ethylen und Ethylenoxid werden überwiegend inhalativ aufgenommen, wobei die Resorptionsrate von Ethylenoxid mit 75 bis 80 % deutlich höher ist, als die des Ethylens (2 bis 3 %) [14,28]. Eine Hautresorption ist nur für Ethylenoxid von Bedeutung [67].

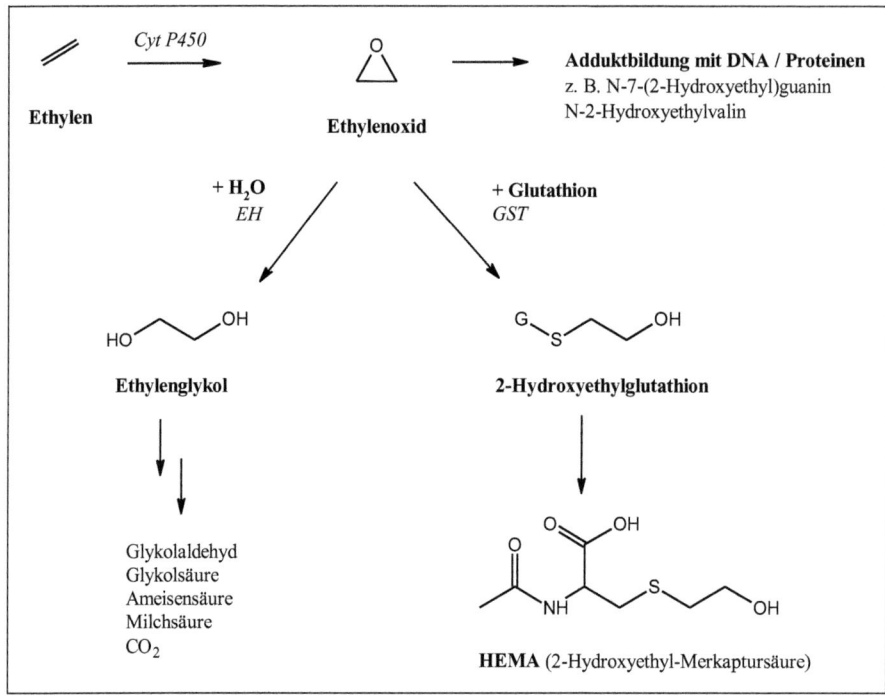

Abbildung 4: Metabolismusschema von Ethylen und Ethylenoxid, nach IARC (2008) [14] (EH = Epoxidhydrolase, GST = Glutathion-S-Transferase, Cyt P450 = Cytochrom P450).

Ethylen wird in einer Phase-I-Reaktion durch Cytochrom-P450-Monooxygenasen zu Ethylenoxid oxidiert [25,28], aus dem nach Hydrolyse Ethylenglykol entsteht, das als solches ausgeschieden oder weiter verstoffwechselt werden kann. Andererseits kann Ethylenoxid über das polymorphe Enzym Glutathion-S-Transferase (GST) mit dem körpereigenen Tripeptid Glutathion (GSH) konjugieren. Nach Abspaltung des Glycin- und Glutamyl-Restes und folgender N-Acetylierung, entsteht aus dem Konjugat der uringängige Metabolit 2-Hydroxyethylmerkaptursäure (HEMA) [14,110]. Als starkes Elektrophil kann Ethylenoxid zudem mit nucleophilen Seitenketten körpereigener Makromoleküle unter Bildung von DNA- und Proteinaddukten reagieren. Identifizierte Produkte solcher Reaktionen sind das N-7-(2-Hydroxyethyl)guanin und das N-2-Hydroxyethylvalin [49,51,65] (vergleiche Abschnitt 2.1.3).

Tierversuche mit radioaktiv markiertem Ethylen [28] und Ethylenoxid [111] zeigten, dass der Großteil der aufgenommenen Radioaktivität über den Urin ausgeschieden wird. Geringe Mengen verbleiben in verschiedenen Geweben (Leber, Blut, Niere) und führen dort vermutlich zur Adduktbildung. Die biologische Halbwertszeit von Ethylen und Ethylenoxid beim Menschen ist, bedingt durch die hohe Reaktivität der Verbindungen, mit 40 bis 50 min recht kurz [14,18]. Die Halbwertszeit der HEMA-Ausscheidung wird auf < 5 h geschätzt [107].

2.2.2.2 Propylen und Propylenoxid

Der Metabolismus des Propylens verläuft analog zum Ethylen über die initiale Bildung der Epoxidverbindung. Da Propylenoxid demzufolge den primären Phase-I-Metaboliten des Propylens darstellt [19,26], werden beide Substanzen zusammen besprochen (Metabolismusschema siehe Abbildung 5).

Im Unterschied zu Ethylenoxid gibt es zum Stoffwechsel von Propylenoxid bisher nur wenige gesicherte Erkenntnisse. Durch die Strukturähnlichkeit beider Verbindungen ist jedoch von weitgehend analogen Abläufen auszugehen.

Die Aufnahme von Propylen und Propylenoxid erfolgt vorwiegend inhalativ. Während die inhalative Aufnahmerate von Propylen beim Menschen mit ca. 8 % recht gering ist [53], wird Propylenoxid im Tierversuch zu über 90 % resorbiert [22] und zeigt zudem eine gute Hautresorption [112]. Propylenoxid kann analog zu Ethylenoxid direkt mit DNA und Proteinen unter Bildung von 2-Hydroxypropyladdukten reagieren (vergleiche Abschnitt 2.1.3). Das Vorkommen des Hämoglobinadduktes 2-Hydroxypropylvalin beim Menschen, das mithilfe sensitiver Methoden nachgewiesen werden kann [113-115], wird ursächlich dem Propylen bzw. dem Propylenoxid zugeschrieben [53].

Die Biotransformation des Propylenoxids verläuft einerseits über die Hydrolyse zum Propylenglykol und kann andererseits durch eine enzymkatalysierte GSH-Konjugation (Phase-II-Reaktion) [22] potentiell zur Bildung von 2-HPMA (2-Hydroxypropylmerkaptursäure) führen (vergleiche Abbildung 5).

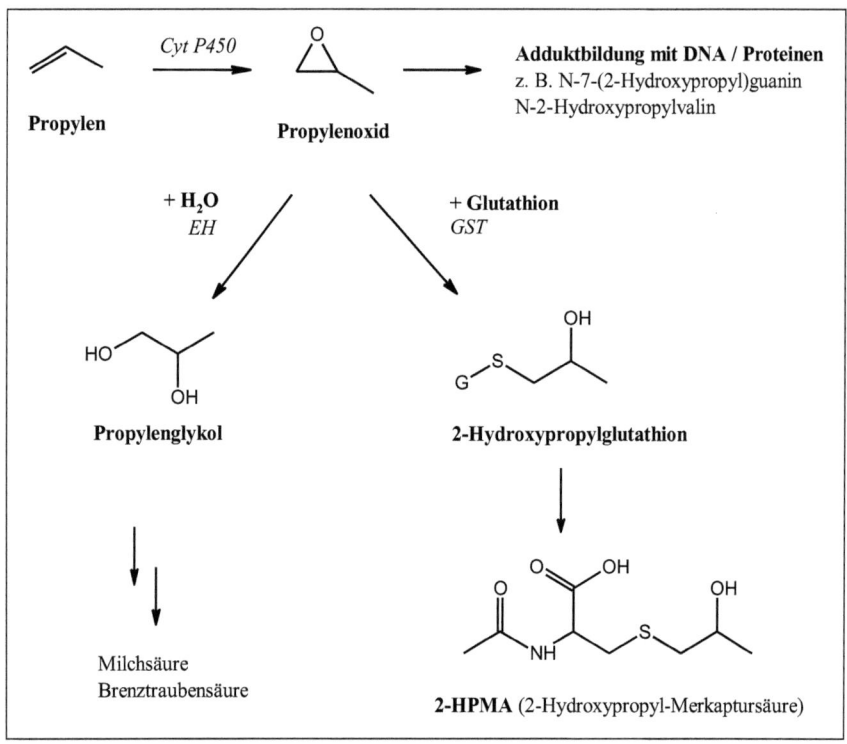

Abbildung 5: Metabolismusschema von Propylen und Propylenoxid, modifiziert nach IARC (1994) [22].

2.2.2.3 Glycidol

Glycidol wird oral, inhalativ oder dermal gut resorbiert [79]. Der Metabolismus wurde bisher *in vivo* an Nagetieren sowie *in vitro* untersucht [116-118]. Abbildung 6 gibt einen Überblick über die wichtigsten Biotransformationswege des Glycidols.

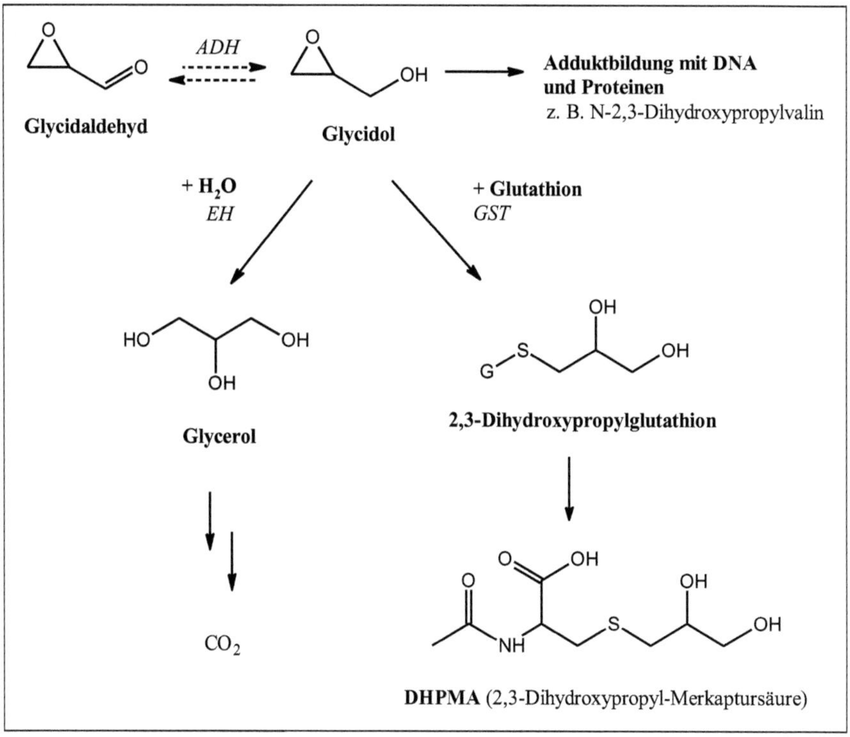

GRUNDLAGEN UND KENNTNISSTAND 25

Abbildung 6: Vorgeschlagener Mechanismus der Biotransformation von Glycidol nach DFG (2000) [79], Jones (1975) [117] und Nomeir et al. (1995) [116] (ADH = Alkoholdehydrogenase).

Als direktes Alkylans kann Glycidol direkt mit DNA und Proteinen entsprechende Addukte bilden (vergleiche Abschnitt 2.1.3). Die Biotransformation kann sowohl über eine Hydrolyse zum Glycerol [34,118], das ein natürliches Produkt des humanen Kohlenhydrat-Stoffwechsels darstellt, als auch über eine GSH-Konjugation verlaufen [117,118]. Als Hauptmetabolite im Rattenurin wurden 2,3-Dihydroxypropylcystein und 2,3-Dihydroxypropylmerkaptursäure (DHPMA) nachgewiesen [117]. Eine Oxidation durch Alkoholdehydrogenase (ADH) zum Glycidaldehyd erscheint möglich, wurde aber experimentell noch nicht bestätigt [15]. Untersuchungen zur Toxikokinetik erfolgten durch die Arbeitsgruppe um Nomeir et al. (1995) [116] an Ratten, denen oral und intravenös radioaktiv markiertes Glycidol zugeführt wurde. Von der oral zugeführten Dosis wurden etwa 90 % über den Gastrointestinaltrakt resorbiert und insgesamt 40 bis 48 % über den Urin ausgeschieden. Weitere 5 bis 10 % der Radioaktivität fanden sich im Fäzes und 25 bis 30 % in der Atemluft. Bemerkenswert ist die schnelle Verteilung von Glycidol im Organismus. So waren etwa 7 % der

Radioaktivität auch nach 72 h noch im Gewebe nachweisbar. Die höchsten Gehalte waren in den Blutzellen zu finden [116], was zumindest als Indiz für die Bildung von Hämoglobinaddukten gelten kann. Die von Jones (1975) [117] postulierte Bildung von 3-MCPD (3-Monochlorpropandiol) durch Reaktion von Glycidol mit der Salzsäure des Magens, konnte durch die Studie von Nomeir et al. (1995) [116] nicht bestätigt werden und wird deshalb in Abbildung 6 nicht aufgeführt.

2.2.2.4 Epichlorhydrin

Das Spektrum der möglichen Epichlorhydrin-Metabolite ist umfangreich, da Epichlorhydrin als bifunktionalem Alkylans verschiedene Reaktionswege offen stehen (siehe Abbildung 7). Epichlorhydrin wird im Tierversuch oral und inhalativ nahezu vollständig resorbiert und schnell metabolisiert [35,119]. Eine dermale Aufnahme ist vermutlich auch von Bedeutung [81].

Die Hydrolyse der Epoxidfunktion führt zur Bildung von 3-MCPD, das entweder direkt ausgeschieden wird oder einer weiteren Biotransformation unterliegt. Aufgrund der bifunktionellen Struktur des Epichlorhydrins kann die Konjugation mit GSH zur Bildung von CHPMA (3-Chlor-2-hydroxypropyl-Merkaptursäure) sowie nach nucleophiler Substitution des Chloratoms und anschließender Hydrolyse zu DHPMA (2,3-Dihydroxypropyl-Merkaptursäure) führen. Da Epichlorhydrin bevorzugt an der Epoxidgruppe reagiert, ist die Bildung der chlorhaltigen Merkaptursäure CHPMA begünstigt. Das eigentliche Gefährdungspotential besteht in der Reaktion mit DNA und Proteinen, die zur Bildung von Addukten mit 3-Chlor-2-hydroxypropyl- oder 2,3-Dihydroxypropylstruktur führt [56,82,120,121]. Darüber hinaus sind aufgrund der bereits erwähnten Bifunktionalität des Epichlorhydrins auch Vernetzungsreaktionen zwischen zwei nucleophilen Seitenketten möglich [35,44].

Toxikokinetische Untersuchungen an Ratten zeigten, dass nach oraler Zufuhr von radioaktiv markiertem Epichlorhydrin innerhalb von 24 h 30 % der Radioaktivität über die Atemluft und etwa 50 % über den Urin abgegeben wurden [119], wobei CHPMA im Urin den Hauptmetaboliten stellt (Ausscheidungsrate entspricht ca. 30 bis 35 % der zugeführten Radioaktivität) [119,122,123]. Dagegen wurden DHPMA (2 %) und 3-MCPD (4 %) in deutlich geringeren Anteilen ausgeschieden [119,123]. Die geringe Ausscheidungsrate des Hydrolyseprodukts 3-MCPD lässt sich durch die weitere Verstoffwechslung dieses Metaboliten, die u. a. zur Ausscheidung von Kohlendioxid über die Atemluft führt, erklären. Die Halbwertszeit von Epichlorhydrin im Organismus der Ratte ist relativ kurz, bereits nach 6 bis 12 h ist der überwiegende Teil der aufgenommenen Radioaktivität wieder ausgeschieden [119,122].

GRUNDLAGEN UND KENNTNISSTAND 27

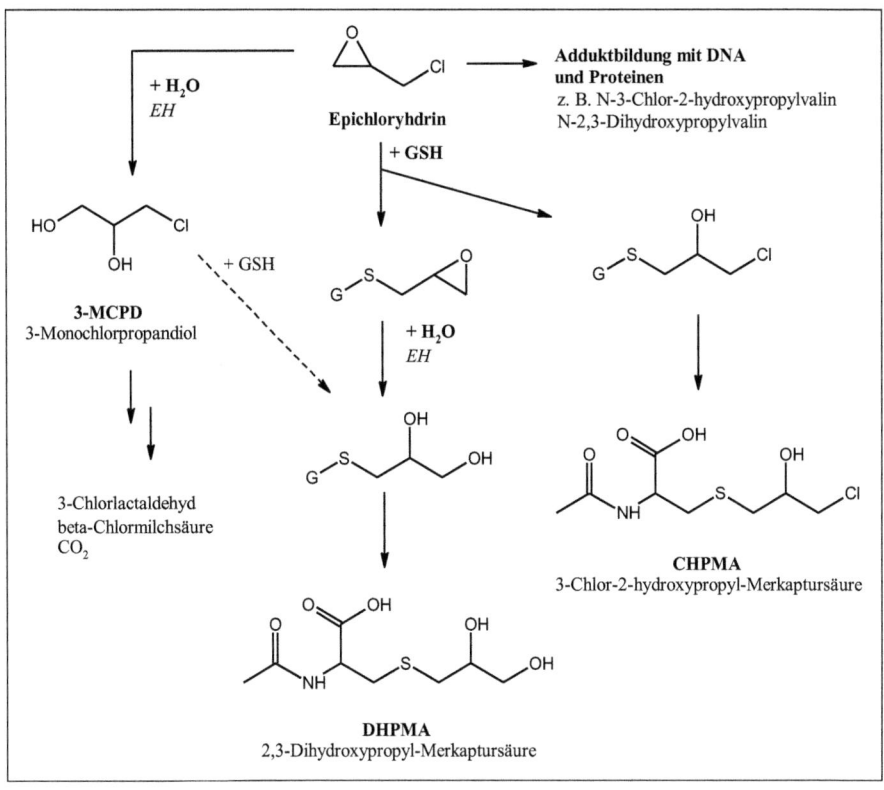

Abbildung 7: Biotransformation von Epichlorhydrin, modifiziert nach Gingell et al. (1985) [119].

2.2.2.5 1,3-Butadien

Butadien wird nach Aufnahme in den Körper in einer Phase-I-Reaktion mittels Cytochrom-P450-Enzymen oxidiert und damit metabolisch aktiviert. Dabei können drei reaktive Epoxidverbindungen entstehen, die als Alkylantien nachweislich DNA- und Hämoglobinaddukte bilden können [42,124,125], woraus sich das hohe genotoxische Potential der Verbindung erklärt (vergleiche Abschnitt 2.1.3). Abbildung 8 zeigt ein vereinfachtes Schema der möglichen Biotransformationswege des Butadiens. Die Detoxifizierung der gebildeten Epoxide erfolgt im Wesentlichen sowohl über eine enzymkatalysierte Hydrolyse als auch über die GSH-Konjugation, die potentiell zur Bildung von drei verschiedenen Merkaptursäuren führt. Durch Konjugation des Phase-I-Primärprodukts Monoepoxybuten mit GSH entsteht die Merkaptursäure MHBMA (Monohydroxy-3-

butenylmerkaptursäure). Alternativ kann zunächst eine Hydrolyse der Epoxidfunktion zum Dihydroxybuten erfolgen, das nach GSH-Konjugation zu DHBMA (3,4-Dihydroxybutylmerkaptursäure) metabolisiert wird oder nach Oxidation der Doppelbindung Dihydroxyepoxybutan bildet. Das letztgenannte Monoepoxid kann weiter zum Erythritol hydrolysieren oder nach GSH-Konjugation zur Bildung der dreifach hydroxylierten Merkaptursäure THBMA (2,3,4-Trihydroxybutylmerkaptursäure) führen. Erythritol und THBMA können auch durch die weitere Biotransformation des Diepoxybutans entstehen (siehe Abbildung 8). Diepoxybutan entsteht im Butadien-Metabolismus bei Nagetieren, konnte beim Menschen aber bislang nicht nachgewiesen werden [45].

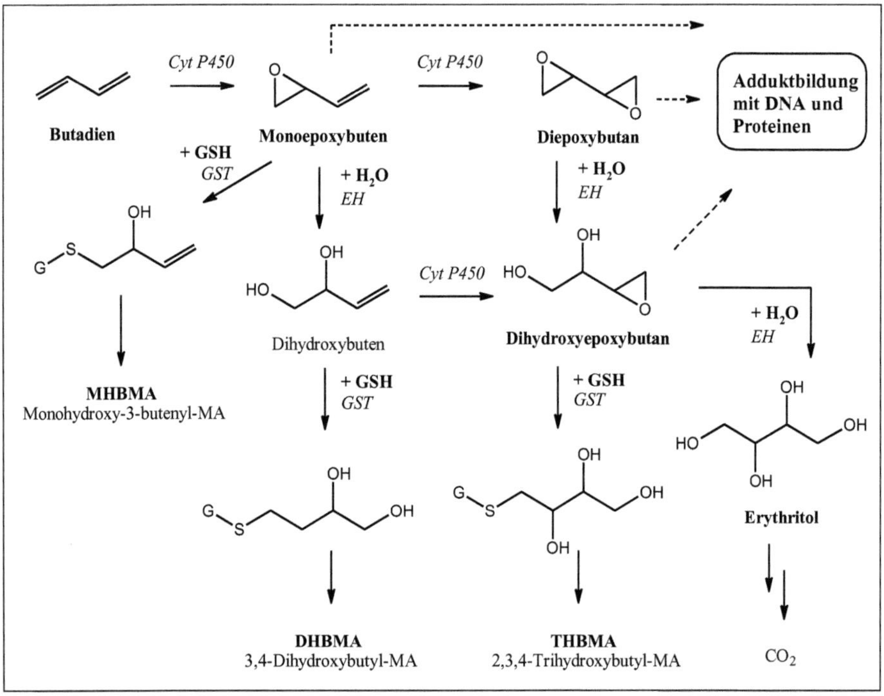

Abbildung 8: Postuliertes, vereinfachtes Metabolisierungsschema von Butadien nach van Sittert et al. (2000) [85], Swenberg et al. (2001) [45] und Richardson et al. (1999) [126].

DHBMA und MHBMA wurden als Metabolite des Butadiens bereits mehrfach beschrieben [85,127,128], wobei das Bildungsverhältnis speziesabhängig ist. Im Vergleich zu Nagetieren weist der menschliche Stoffwechsel höhere hydrolytische Enzymaktivitäten auf, die den

Metabolisierungsweg zum Dihydroxybuten und folglich zu DHBMA deutlich begünstigen [127,129-131], so dass der Anteil an DHBMA an der Summe der beiden Butadien-Merkaptursäuren beim Menschen bei > 97 % liegt [85,86]. Der Nachweis von THBMA gelang bisher nur im Tierversuch [126].

Toxikokinetische Untersuchungen weisen für Butadien eine inhalative Aufnahmerate von etwa 45 % nach [12]. Inhalativ aufgenommenes radioaktiv markiertes Butadien wurde bei Ratten zu jeweils etwa 40 % über den Urin und als Kohlendioxid über die Atemluft abgegeben. Die Ausscheidung über den Urin erfolgte dabei überwiegend bereits innerhalb der ersten 6 Stunden. Als relevante Metabolite im Rattenurin wurden MHBMA, DHBMA und THBMA identifiziert [126].

2.2.2.6 2-Chloropren

Bereits 1980 haben Summer und Greim [132] bei Ratten nach oraler Chloroprenzufuhr einen dosisabhängigen Anstieg von Thioethern (vermutlich GSH-Konjugate und Merkaptursäuren), verbunden mit einer Abnahme der GSH-Gehalte in der Leber beobachtet. Sie schlossen daraus, dass Chloropren *in vivo* durch die Bildung und Ausscheidung von Merkaptursäuren entgiftet wird. Abgesehen von dieser einen Studie beschränken sich die Arbeiten zur Biotransformation von Chloropren bisher ausschließlich auf *in-vitro*-Untersuchungen an Lebermikrosomen von Mensch und Nagetier. Basierend auf diesen Untersuchungen haben Munter et al. (2007) [47] ein ausführliches Metabolismus-Schema für Chloropren erarbeitet, welches auszugsweise in Abbildung 9 dargestellt ist.

Im Aufnahmeverhalten ähnelt Chloropren den untersuchten Epoxidverbindungen und wird gut über Haut, Lunge und Magen-Darm-Trakt resorbiert [89]. Analog zu Butadien wird Chloropren initial an einer der beiden Doppelbindungen epoxidiert (Phase-I-Reaktion). Von den beiden möglichen Monoepoxiden wird, vermutlich aus sterischen Gründen, bevorzugt 1-CEO ((1-Chlorethenyl)oxiran) gebildet [133-135], das *in vitro* nachweislich zur Adduktbildung mit Makromolekülen, wie DNA oder Hämoglobin, führt [44,47,91] (vergleiche Abschnitt 2.1.3). Die Bildung eines Diepoxids war im Unterschied zum Butadien (siehe Abschnitt 2.2.2.5) bislang nicht nachzuweisen [47,133].

Analog zum Butadien wird im menschlichen Organismus eine Hydrolyse zur Inaktivierung der Epoxide stark bevorzugt [47,135]. Im Fall von 1-CEO führt dies zur Bildung von 3-Chlor-3-buten-1,2-diol und bei 2-CEO (2-Chlor-2-ethenyloxiran) zu Hydroxymethylvinylketon (HMVK). Die Bildung von HMVK als reaktives Zwischenprodukt wird auch beim Butadien-Metabolismus diskutiert und führt zur Hypothese, dass DHBMA durch enzymatische Reduktion teilweise oder ausschließlich aus

HOBMA (4-Hydroxy-3-oxobutylmerkaptursäure), der Merkaptursäure des HMVK, gebildet wird [136,137].

Potentielle Metabolite des Chloroprens, die über den Urin ausgeschieden werden, sind neben HOBMA auch die chlorhaltigen Merkaptursäuren Cl-MA I, II und III, die nach GSH-Konjugation (Phase-II-Reaktion) als Folgeprodukte von 1- und 2-CEO entstehen (vergleiche Abbildung 9).

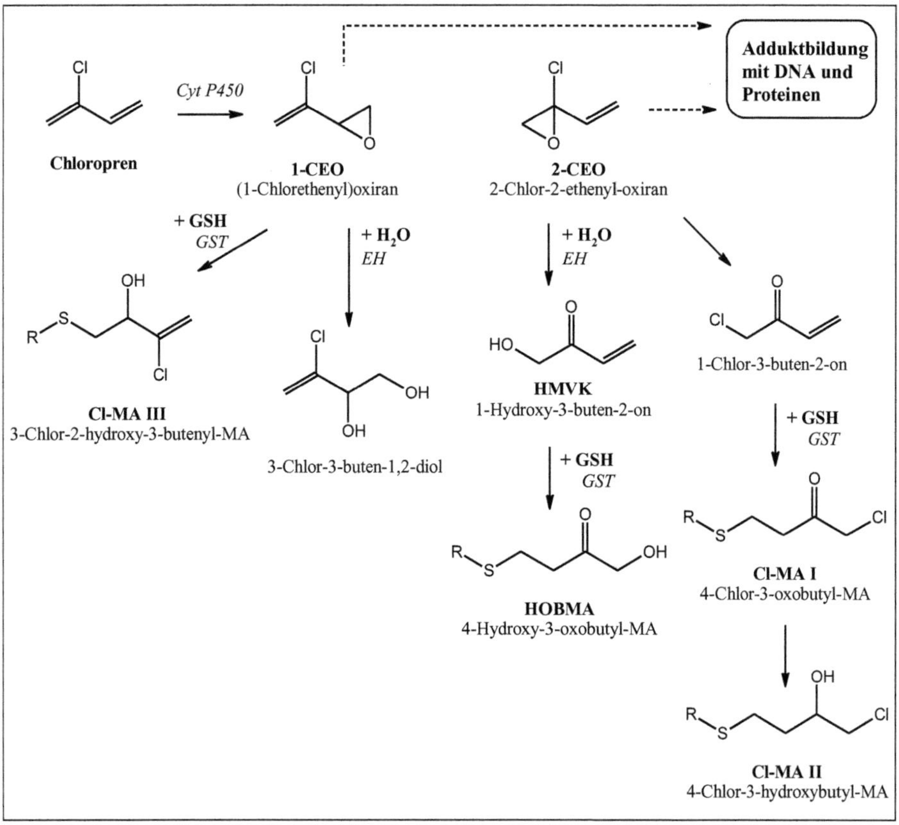

Abbildung 9: Ausschnitt aus der Biotransformation von Chlopren modifiziert nach Munter et al. (2007) [47].

2.2.2.7 Acrolein

Die möglichen Biotransformationswege des Acroleins zeigt Abbildung 10. Acrolein wird überwiegend inhalativ oder oral aufgenommen [31,138]. Aufgrund seiner hohen Reaktivität ist keine ausgeprägte Verteilung im Gewebe zu beobachten [31]. Die bevorzugte Entgiftungsreaktion ist die Konjugation mit GSH, welche aufgrund der hohen Reaktivität des Acroleins auch spontan abläuft und zur Bildung von verschiedenen Merkaptursäuren (MA) führt.

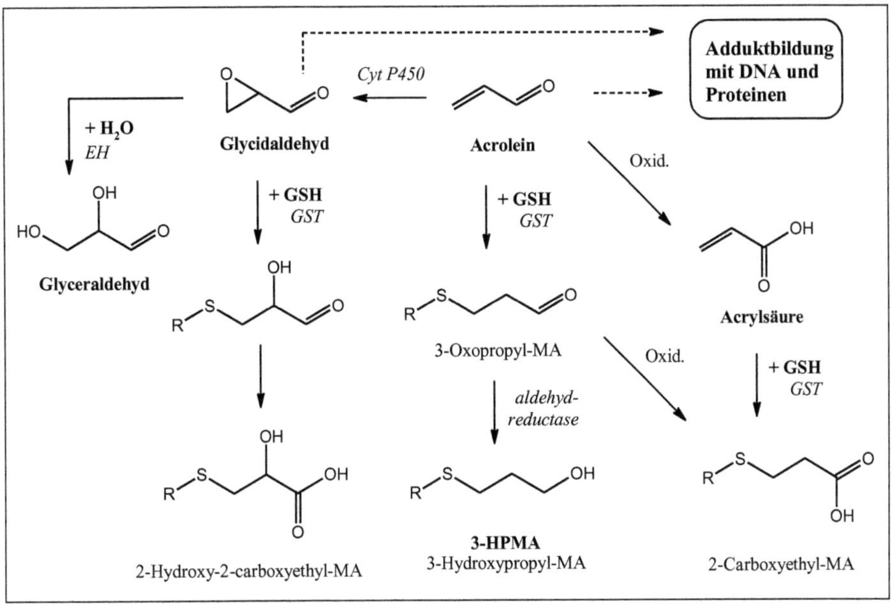

Abbildung 10: Metabolisierungsschema des Acroleins nach WHO (2002) [24] und Stevens und Maier (2008) [5] (Oxid. = Oxidation).

Primär wird durch GSH-Konjugation 3-Oxopropyl-Merkaptursäure gebildet, die nach Oxidation als 2-Carboxyethyl-Merkaptursäure oder nach Reduktion als 3-Hydroxypropyl-Merkaptursäure (3-HPMA) ausgeschieden wird [5,31]. Bei Nagetieren, denen radioaktiv markiertes Acrolein inhalativ oder oral zugeführt worden ist, fand sich die Radioaktivität überwiegend im Urin wieder [138], wobei der reduktive Metabolit 3-HPMA eindeutig den Hauptmetaboliten stellte (30 bis 70 % der zugeführten Dosis) [138-141]. Als weiterer Metabolit wurde das Oxidationsprodukt 2-Carboxyethyl-MA nachgewiesen [139,140]. Von deutlich geringerer Bedeutung scheint die Oxidierung von Acrolein zu Glycidaldehyd zu sein. Die Merkaptursäure 2-Hydroxy-2-carboxyethyl-MA als Folgeprodukt der GSH-Konjugation des Epoxids wurde im Rattenurin nur in geringen Anteilen gefunden [139]. Glyceraldehyd und Acrylsäure als weitere Metaboliten des Acroleins wurden *in vitro* nachgewiesen [118], haben aber vermutlich nur eine marginale Bedeutung [31]. Radioaktiv markiertes Acrolein wurde im Tierversuch vorwiegend bereits innerhalb der ersten 12 h nach Aufnahme ausgeschieden [139,141]. Nur ein geringer Teil verblieb im Gewebe, vor allen in den Blutzellen, was als Indiz für die Bildung von Proteinaddukten gelten kann [138]. *In vitro* wurden DNA- und Proteinaddukte des Acroleins nachgewiesen [24,142,143]. Auch Glycidaldehyd als Epoxid des Acroleins bildete im Tierversuch nachweislich DNA-Addukte [41] (vergleiche Abschnitt 2.1.3).

2.2.3 Merkaptursäuren und Biomonitoring

2.2.3.1 Biomonitoring

Unter Biomonitoring wird in der Humanmedizin die Bestimmung definierter Schadstoffe bzw. deren Metabolite in biologischen Material verstanden, mit dem Ziel, messbare Änderungen eines biologischen Indikators, die aus einer Schadstoffbelastung bzw. -exposition resultieren, zu erfassen und toxikologisch zu bewerten [2,144,145]. Zur Abgrenzung des Begriffes gegenüber anderen Disziplinen (z. B. der Ökologie), wird häufig der Begriff „Humanbiomonitoring" verwendet, um deutlich zu machen, dass die Bestimmung von Schadstoffen bzw. deren Stoffwechselprodukte in menschlichen Körperflüssigkeiten, wie z. B. Blut und Urin erfolgt. Im Unterschied zum Umgebungsmonitoring, das die äußere Belastung mit einem Gefahrstoff, z. B. in der Luft oder in Lebensmitteln erfasst, ermittelt das Biomonitoring die tatsächliche innere Belastung, unabhängig davon, auf welchem Wege (dermal, oral, inhalativ) oder aus welchen Quellen der jeweilige Gefahrstoff aufgenommen worden ist. Individuelle Unterschiede im Aufnahme-, Stoffwechsel- oder Ausscheidungsprozess gehen daher direkt in die Messwerte ein. Letztlich dient das Biomonitoring dem Schutz des einzelnen Menschen vor den Wirkungen gesundheitsschädlicher Arbeitsstoffe. Die Anwendung dieses Verfahrens erfordert neben sensitiven Analysenmethoden aber auch ausreichende Erkenntnisse aus Bevölkerungsstudien, als Grundlage für eine verantwortungsvolle Festlegung von Grenz- und Referenzwerten. Das Umweltbundesamt empfiehlt den gezielten Einsatz des Humanbiomonitorings auch zur individuellen Expositionsabschätzung bei stör- oder unfallbedingten Freisetzungen von Chemikalien [146].

Das Humanbiomonitoring, das vorrangig in der Arbeits- und Umweltmedizin angesiedelt ist, wird allgemein in das Belastungs- und das Effektmonitoring unterteilt [144,145,147]. Das Belastungsmonitoring bestimmt die Konzentration von Schadstoffen oder deren Metabolite in Körperflüssigkeiten. Es ermöglicht somit Aussagen über die individuelle, innere Belastung des Organismus mit einem spezifischen Gefahrstoff, ohne dass daraus direkt auf eine resultierende Wirkung geschlossen werden kann. Das Belastungsmonitoring dient aber grundsätzlich der Abschätzung eines möglichen individuellen Gesundheitsrisikos, z. B. durch einen Vergleich mit entsprechenden Grenz- und Referenzwerten oder Risikokorrelationen für den betreffenden Gefahrstoff bzw. Biomarker (z. B. BAT- und BAR-Werte sowie EKA-Korrelationen) [63,147].

Im Gegensatz dazu erfasst das Effektmonitoring biologische Veränderungen, die als direkte Folge einer Schadstoffexposition auftreten. Für alkylierende Verbindungen sind dies neben Mutationen und Chromosomenaberrationen auch DNA- und Hämoglobin-Addukte, die ein Gesundheitsrisiko anzeigen. Eine Alkylierung der DNA kann, wie unter Abschnitt 2.1.3 ausgeführt, bereits den initialen Schritt einer Kanzerogenese darstellen. Somit stehen DNA-Addukte (und Proteinaddukte als Surrogate für diese) im direkten Zusammenhang mit einem potentiellen Gesundheitsrisiko und stellen somit Wirkungsparameter dar. Die Substanzspezifität des Effektmonitorings ist in der Regel aber geringer als die eines Belastungsmonitorings.

2.2.3.2 Merkaptursäuren als Biomarker

Wie unter Abschnitt 2.2.1 und 2.2.2 dargestellt, ist die Bildung von Merkaptursäuren (MA) ein bedeutender Entgiftungsprozess des Organismus für elektrophile Substanzen. Einerseits werden dadurch reaktive Zentren, wie z. B. Epoxidfunktionen, „entschärft", d. h. eine Adduktbildung mit DNA und anderen Makromolekülen des Körpers verhindert und andererseits entstehen durch die Konjugation wasserlösliche Metabolite, die über den Urin ausgeschieden werden können.

Da einer MA-Ausscheidung mit dem Urin somit immer die Aufnahme oder Bildung elektrophiler Substanzen vorausgegangen sein muss, lässt der ermittelte MA-Gehalt im Urin Rückschlüsse auf die innere Belastung und potentiell auf die toxikologisch relevante Dosis mit dem entsprechenden Elektrophil bzw. Alkylans zu [9,99]. In vielen Fällen ist der Zusammenhang zwischen der äußeren Exposition mit einer alkylierenden Verbindung und der MA-Ausscheidung linear, so dass der MA-Gehalt im Rahmen eines Belastungsmonitorings Aussagen über die Expositionsdosis zulässt und zur Evaluierung von Arbeitsplätzen herangezogen werden kann.

Die uringängigen MA selbst sind in der Regel toxikologisch unbedenklich und werden nicht akkumuliert. Ihre biologische Halbwertszeit liegt meist unter 12 Stunden. Sie eignen sich somit als

Indikatoren für eine Exposition, die innerhalb der letzten Stunden bis Tage vor der Probenahme stattgefunden hat [10,93]. Merkaptursäuren sind zudem substanzspezifisch, d. h. sie beinhalten die chemische Struktur des elektrophilen Agens und sind somit als weitgehend spezifische Metabolite für eine oder zumindest für eine begrenzte Anzahl von Ausgangsverbindungen anzusehen.

Für ein Humanbiomonitoring sind Merkaptursäuren als Biomarker vorteilhaft. Urin ist auch in größeren Mengen leicht verfügbar und erfordert, anders als bei Blutuntersuchungen, kein invasives Eingreifen in den Körper der zu Untersuchenden [148]. Allerdings sind Spontanurinproben je nach dem individuellen Flüssigkeitshaushalt der Probanden unterschiedlich konzentriert und sollten durch geeignete Maßnahmen „normalisiert" werden. Da die Kreatininausscheidung im Urin bei gesunden Personen in engen Grenzen schwankt und pro Tag bei etwa 1,4 g liegt [149,150], hat sich als Normalisierungsstrategie die Verwendung kreatininbezogener Messwerte etabliert [151,152]. Allerdings ist zu beachten, dass sich der Ausscheidungsmechanismus eines Biomarkers von dem des Kreatinins unterscheiden kann, so dass für Biomarker im Einzelnen geprüft werden muss, ob ein Kreatininbezug sinnvoll ist [152,153]. Nach Heavner et al. (2006) [153] und Haufroid et al. (2007) [107] ist diese Normalisierungsstrategie für viele aliphatische Merkaptursäuren zu empfehlen.

Tabelle 6 zeigt die Merkaptursäuren, die in der vorliegenden Arbeit analytisch erfasst und auf ihre Eignung als Biomarker für alkylierende Verbindungen untersucht werden sollen. Die rechte Spalte benennt die jeweiligen alkylierenden Ausgangsverbindungen der MA. Aus den fett gedruckten Verbindungen wird die entsprechende Merkaptursäure als Hauptmetabolit gebildet (vergleiche Abschnitt 2.2.2), während die anderen Vorläufersubstanzen diese häufig nur in geringen Anteilen bilden. Dennoch wird deutlich, dass die aufgeführten MA in der Regel aus mehreren strukturähnlichen Verbindungen gebildet werden können.

Tabelle 6: Übersicht über die in der vorliegenden Arbeit betrachteten Merkaptursäuren und deren mögliche Vorläufersubstanzen.

Biomarker	Ausgangsstoffe, Vorläufersubstanzen
3-HPMA 3-Hydroxypropyl-MA	**Acrolein** Cyclophosphamid [31,154], Allylalkohol [141], Allylchlorid [141,155], Allylbromid [141]
HEMA Hydroxyethyl-MA	**Ethylenoxid** Ethylen, Vinylchlorid [156], Acrylnitril [157], 1,2-Dibromethan [156]
2-HPMA 2-Hydroxypropyl-MA	**Propylenoxid** Propylen, 1-Brompropan [158,159], 1-Chlorpropan [158]
DHPMA 2,3-Dihydroxypropyl-MA	**Glycidol** Epichlorhydrin [119], 3-MCPD [117], verschiedene halogenierte Propane und Propanole [160-162]
CHPMA 3-Chlor-2-hydroxypropyl-MA	**Epichlorhydrin** Allylchlorid [155]
DHBMA 3,4-Dihydroxybutyl-MA	**Butadien**
MHBMA 3-Monohydroxybutenyl-MA	
Cl-MA I 4-Chlor-3-oxobutyl-MA	**Chloropren**
Cl-MA II 4-Chlor-3-hydroxybutyl-MA	
Cl-MA III 3-Chlor-2-hydroxybutenyl-MA	
HOBMA 4-Hydroxy-3-oxobutyl-MA	**Chloropren, Butadien**

Beispielsweise entsteht 3-HPMA nicht nur als Metabolit des Acroleins, sondern auch aus verschiedenen Allylverbindungen sowie dem Chemotherapeutikum Cyclophosphamid. Im direkten Vergleich führt eine Acroleinexposition aber in ungleich stärkeren Maße zur 3-HPMA-Bildung als eine gleichartige Exposition gegenüber Cyclophosphamid oder den aufgeführten Allylverbindungen [141,154]. Analoge Verhältnisse gelten für die anderen in Tabelle 6 aufgeführten Biomarker. Im Folgenden wird deshalb eine MA-Ausscheidung vorrangig mit der fettgedruckten Ausgangsverbindung in Beziehung gebracht, ohne zu übersehen, dass der Nachweis einer spezifischen MA einen zwar meist hinreichenden, aber eben nicht zwingenden Rückschluss auf die Quelle zulässt.

Die Verwendung von MA als spezifische Biomarker für alkylierende Verbindungen setzt voraus, dass

- die entsprechende MA in ausreichend hohen Mengen aus der jeweiligen alkylierenden Verbindung gebildet wird,
- die Alkylans-Exposition mit der Ausscheidungsrate der entsprechenden MA korreliert,
- geeignete Analysenverfahren zur Verfügung stehen, die eine zuverlässige, spezifische und empfindliche Bestimmung der MA im Urin ermöglichen [9,93].

Für Letzteres hat die zunehmende Verfügbarkeit der LC-MS/MS-Analysentechnik neue Wege zur Bestimmung niedermolekularer, polarer Analyten, wie z. B. den MA eröffnet, die dadurch in den letzten 10 bis 20 Jahren verstärkt als Biomarker Einsatz finden konnten [9,128,163-165]. Dabei werden zunehmend analytische Methoden favorisiert, mit denen die simultane Erfassung von mehreren Merkaptursäuren möglich ist [38,166-168].

3 MATERIAL UND METHODEN

3.1 Bestimmung von Hydroxyalkylmerkaptursäuren in Urin

Das hier beschriebene analytische Verfahren diente der simultanen Bestimmung von sechs Hydroxyalkylmerkaptursäuren im Urin: 2,3-Dihydroxypropylmerkaptursäure (DHPMA), 2-Hydroxypropylmerkaptursäure (2-HPMA), 3-Hydroxypropylmerkaptursäure (3-HPMA), 2-Hydroxyethylmerkaptursäure (HEMA), 3,4-Dihydroxybutylmerkaptursäure (DHBMA) und Monohydroxy-3-butenylmerkaptursäure (MHBMA) (siehe Abbildung 11).

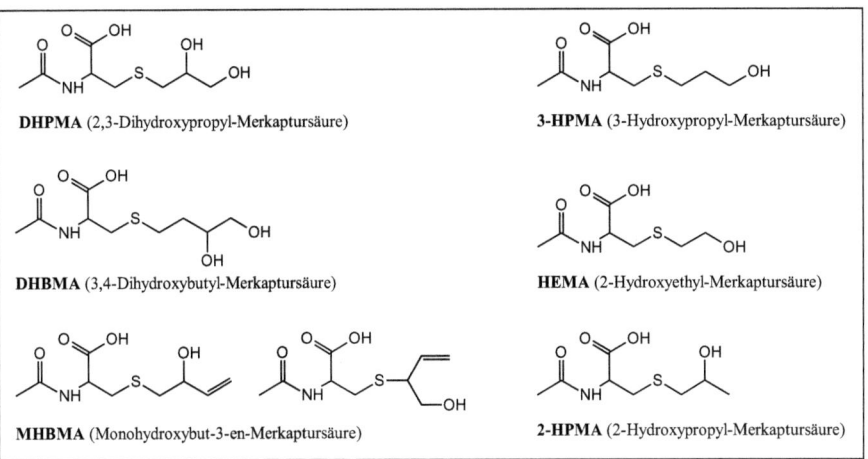

Abbildung 11: Strukturen der untersuchten Hydroxyalkylmerkaptursäuren.

Zur Bestimmung wurden die auf pH = 2,5 gepufferten Urinproben unter Zusatz isotopenmarkierter interner Standards einer Festphasenextraktion unterzogen, um die Analyten anzureichern und störende Matrixbestandteile weitgehend abzutrennen. Nach dem Waschen der Festphase wurden die Analyten mit Ameisensäure/Methanol eluiert, im Stickstoffstrom zur Trockne eingeengt und anschließend im organischen Lösungsmittel aufgenommen. Die chromatographische Trennung der Analyten erfolgte an einer HILIC-Säule mit anschließender tandem-massenspektrometrischer Detektion.

3.1.1 Geräte, Material und Chemikalien

3.1.1.1 Geräte und Material

Zur Durchführung der analytischen Methode kamen die folgenden Geräte und Materialien zum Einsatz:

- HPLC-Anlage HP 1100 mit quarternärer Pumpe P1 (G 1311A), Autosampler (G 1313A) und Vakuumentgaser (G 1322A) (Agilent, Waldbronn)
- Tandem-Massenspektrometer Sciex API 2000 LC-MS/MS mit softwaregesteuertem 10-Wege-Ventil und Elektrospray-Ionisierung (ESI)-Interface (Applied Biosystems, Langen)
- Analytische Säule:
  - Strategy HILIC Silica, 100 x 2,1 mm, 2,2 µm (Interchim, Montluçon, Frankreich) mit Vorfilter Uptifilter 2 µm (Interchim, Montluçon, Frankreich)
- Kartuschen zur Festphasenextraktion: Isolute ENV+, 100 mg, 3 mL (Biotage, Uppsala, Schweden)

- Evaporatorstation Reacti-Vap III (Pierce, Nürnberg)
- Gewindeflaschen, 1,8 mL mit PTFE-Septen und Schraubdeckeln (VWR, Darmstadt)
- Magnetrührer mit Heizplatte IKAMAG RH (IKA Labortechnik, Nürnberg)
- Magnetrührfisch (VWR, Darmstadt)
- pH-Elektrode InLab 412 (Mettler-Toledo, Steinbach)
- pH-Meter 761 Calimatic (Knick, Berlin)
- Plastikröhrchen mit Deckel, 13 mL (Laborcenter Nürnberg)
- Präzisionswaage (Sartorius, Göttingen)
- PTFE-Durchflusshähne (ICT, Bad Homburg)
- Rundfilter 589 (Schleicher & Schuell, Dassel)
- Schraubgläser, 15 mL (Laborcenter Nürnberg)
- Ultraschallbad Ultrasonic Cleaner (VWR, Darmstadt)
- Vakuumpumpe (ICT, Bad Homburg)
- Vakuum-Station VacMaster (Biotage, Uppsala, Schweden)
- Vakuumzentrifuge Speed Vac Plus SC2104 (Thermo Savant, Schwerte)
- Verschiedene Bechergläser und Messkolben (VWR, Darmstadt)
- Verschiedene Pipetten und Multipetten (Eppendorf, Hamburg)
- Vortex-Mixer Genie 2 (Scientific Industries, Nürnberg)

MATERIAL UND METHODEN

- Wasserbad GFL 1083 (GFL GmbH, Burgwedel)
- Zentrifuge Multifuge 3 L-R (Heraeus, Nürnberg)

3.1.1.2 Chemikalien

Die verwendeten Referenzstandards, internen Standards sowie sonstige verwendete Chemikalien werden im Folgenden aufgelistet:

Referenzstandards

- DHPMA, N-Acetyl-S-(2,3-Dihydroxypropyl)-L-cystein, Dicyclohexylaminsalz, Reinheit > 95 % (eigene Synthese, siehe Abschnitt 3.1.1.3)
- HEMA, N-Acetyl-S-(2-Hydroxyethyl)-L-cystein, Reinheit 98 % (Toronto Research Chemicals, Toronto, Kanada)
- 2-HPMA, N-Acetyl-S-(2-Hydroxypropyl)-L-cystein, Dicyclohexylaminsalz, Reinheit 98 % (Toronto Research Chemicals, Toronto, Kanada)
- 3-HPMA, N-Acetyl-S-(3-Hydroxypropyl)-L-cystein, Dicyclohexylaminsalz, Reinheit 98 % (Toronto Research Chemicals, Toronto, Kanada)
- DHBMA, N-Acetyl-S-(3,4-Dihydroxybutyl)-L-cystein, Reinheit 98 % (Toronto Research Chemicals, Toronto, Kanada)
- MHBMA, 1:1 Mischung aus N-Acetyl-S-[1-(Hydroxymethyl)-2-propenyl]-L-cystein und N-Acetyl-S-[2-(Hydroxymethyl)-3-propenyl]-L-cystein, Reinheit 98 % (Toronto Research Chemicals, Toronto, Kanada)

Interne Standards

- $^{13}C_2$-DHPMA, 1,2-^{13}C-N-Acetyl-S-(2,3-Dihydroxypropyl)-L-cystein, Reinheit > 95 %, Isotopenreinheit > 95 % (Auftragssynthese, ChiroBlock GmbH, Wolfen)
- D_4-HEMA, N-Acetyl-S-(2-Hydroxyethyl-d_4)-L-cystein, Reinheit 98 %, Isotopenreinheit > 99 % (Toronto Research Chemicals, Toronto, Kanada)
- $^{13}C_2$-2-HPMA, N-Acetyl-S-(2-Hydroxypropyl-$^{13}C_2$)-L-cystein, Reinheit > 95 %, Isotopenreinheit > 99 % (Auftragssynthese, Institut für Organische und Biomolekulare Chemie, Göttingen)
- D_3-3-HPMA, N-Acetyl-d_3-S-(3-Hydroxypropyl)-L-cystein, Dicyclohexylaminsalz, Reinheit 98 %, Isotopenreinheit 99 % (Toronto Research Chemicals, Toronto, Kanada)

- D$_7$-DHBMA, N-Acetyl-S-(3,4-Dihydroxybutyl-d$_7$)-L-cystein, Reinheit 98 %, Isotopenreinheit 99 % (Toronto Research Chemicals, Toronto, Kanada)
- D$_6$-MHBMA, 1:1 Mischung aus N-Acetyl-S-[1-(Hydroxymethyl)-2-propenyl-d$_6$]-L-cystein und N-Acetyl-S-[2-(Hydroxymethyl)-3-propenyl-d$_6$]-L-cystein, Reinheit 98 %, Isotopenreinheit > 98 % (Toronto Research Chemicals, Toronto, Kanada)

Sonstige Chemikalien

- 3-Chlorpropan-1,2-diol, 98 % (Sigma-Aldrich, Steinheim)
- Aceton, zur Analyse (Merck, Darmstadt)
- Acetonitril, isocratic grade für die Flüssigkeitschromatographie (Merck, Darmstadt)
- Ameisensäure, 98 – 100 % (Merck, Darmstadt)
- Ammoniumacetat, p. a. (Merck, Darmstadt)
- Ammoniumformiat, p. a. (Sigma-Aldrich, Steinheim)
- Dicyclohexylamin, p. a. (Sigma-Aldrich, Steinheim)
- Eisessig (100 % Essigsäure), wasserfrei (Merck, Darmstadt)
- Essigsäureanhydrid, p. a. (Merck, Darmstadt)
- Ethylacetat, p. a. (Merck, Darmstadt)
- L-Cystein Hydrochlorid, wasserfrei, > 98 % (Sigma-Aldrich, Steinheim)
- Methanol, für die Flüssigkeitschromatographie (Merck, Darmstadt)
- Triethylamin, > 99 % (Sigma-Aldrich, Steinheim)
- Wasser, bidestilliert
- Wasser, hochrein für die Chromatographie (Merck, Darmstadt)

3.1.1.3 Synthese der Standardsubstanz DHPMA

Die Merkaptursäure DHPMA war kommerziell nicht erhältlich. Daher erfolgte die Herstellung dieser Substanz in Eigensynthese als Dicyclohexylaminsalz in Anlehnung an das zweistufige Verfahren von Jones et al. (1975) [117].

Im ersten Reaktionsschritt wurde 2,3-Dihydroxypropylcystein durch Addition von L-Cystein und 3-Chlorpropan-1,2-diol synthetisiert (siehe Abbildung 12). Dazu wurden 3 g L-Cystein Hydrochlorid (19 mmol) in 30 mL Wasser gelöst und unter Rühren langsam 8,2 mL Triethylamin (59 mmol) und 2,3 mL 3-Chlorpropan-1,2-diol (27 mmol) zugetropft. Die Mischung wurde bei Raumtemperatur zwei Tage lang weiter gerührt und anschließend an einer Vakuumzentrifuge bei 40 °C bis zur

Trockne eingeengt. Der weiße Rückstand wurde in 100 mL Methanol suspendiert, 10 min unter Rückflusskühlung gekocht und anschließend durch Filtration abgetrennt. Nach Aufnahme des Filtrationsrückstandes in 10 mL Wasser wurden in Wasser unlösliche Bestandteile über einen Faltenfilter abgetrennt. Die Reinigung des so gewonnenen 2,3-Dihydroxypropylcysteins erfolgte durch dreimalige Präzipitation mit Aceton. Dazu wurde die wässrige Lösung des Niederschlags wiederholt mit 300 mL Aceton ausgefällt und der erhaltene weiße Niederschlag über einen Faltenfilter abgetrennt. Nach der dritten Ausfällung wurde der Filtrationsrückstand im Vakuumexsikkator getrocknet. Das entstandene 2,3-Dihydroxypropylcystein lag als weißes Pulver vor. Die absolute Ausbeute betrug 15 %.

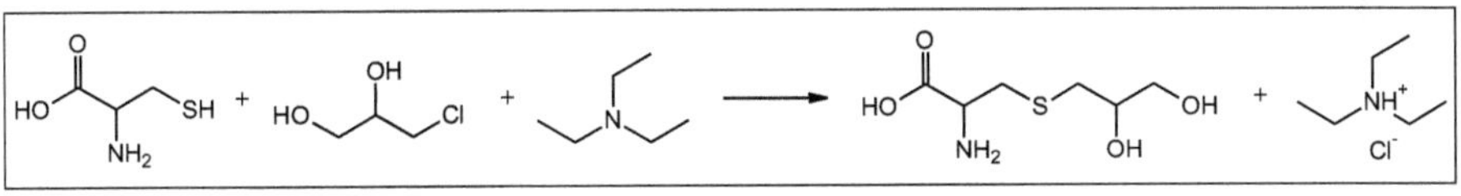

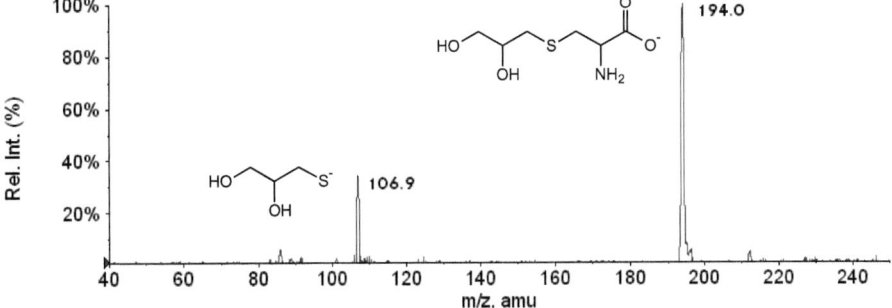

Abbildung 12: Erster Reaktionsschritt: Synthese von 2,3-Dihydroxypropylcystein aus Cystein und 3-Chlorpropan-1,2-diol nach Jones et al. (1975) [117].

Die Identität der so hergestellten Verbindung wurde mittels Massenspektrometrie bestätigt (siehe Abbildung 13). Hierfür wurde eine Lösung der Substanz in Methanol (c = 10 mg/L) direkt in das MS/MS-Gerät injiziert und das Q1-Massenspektrum im ESI-negativ-Modus im Massenbereich von m/z = 40 bis 250 aufgenommen. Das Spektrum zeigte zwei Hauptpeaks: das Molekülion bei m/z 194 sowie ein Fragment der Verbindung bei m/z 107.

Abbildung 13: Massenspektrum (ESI-negativ) von 2,3-Dihydroxypropylcystein mit den postulierten Strukturen der Fragmente.

In der zweiten Stufe der Synthese erfolgte die Acetylierung des 2,3-Dihydroxypropylcysteins zur entsprechenden Merkaptursäure (siehe Abbildung 14). Dazu wurden 200 mg des hergestellten 2,3-Dihydroxypropylcysteins in 2 mL Wasser gelöst und mit 1 mL Essigsäureanhydrid versetzt. Die Lösung wurde über Nacht bei 30 °C im Wasserbad inkubiert und anschließend an einer Vakuumzentrifuge bei 40 °C bis zur Trockene eingeengt. Als Rückstand verblieb eine gelb-braune, ölige Substanz, die sich nicht kristallisieren ließ. Die Darstellung der Merkaptursäure erfolgte deshalb als Dicyclohexylaminsalz, indem der zähflüssige Rückstand in 20 mL Ethylactetat aufgenommen und mit 0,5 mL Dicyclohexylamin in 5 mL Ethylactetat versetzt wurde. Die Mischung wurde über Nacht bei 0 °C im Kühlschrank aufbewahrt und der erhaltene weiße Niederschlag durch mehrmaliges Umkristallisieren mit Methanol und Ethylacetat gereinigt. Das kristalline Dicyclohexylaminsalz der 2,3-Dihydroxypropylmerkaptursäure entstand mit einer Ausbeute von 56 %. Die Ausbeute der Gesamtsynthese betrug somit rund 8 %.

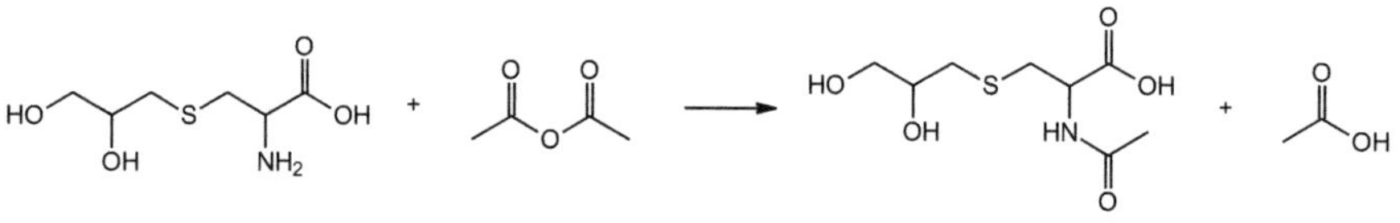

Abbildung 14: Zweiter Reaktionsschritt: Synthese der 2,3-Dihydroxypropylmerkaptursäure durch N-Acetylierung von 2,3-Dihydroxypropylcystein mit Essigsäureanhydrid nach Jones et al. (1975) [117].

Die Identität der hergestellten Substanz wurde durch ^{1}H-NMR und Massenspektrometrie bestätigt. Abbildung 15 zeigt das Massenspektrum der synthetisierten Merkaptursäure. Hierfür wurde eine Lösung der Substanz in Methanol (c = 10 mg/L) direkt in das MS/MS-Gerät injiziert und das Q1-Massenspektrum im ESI-negativ-Modus im Massenbereich von m/z = 50 bis 260 aufgenommen. Der Hauptpeak im Spektrum bei m/z 236 zeigt das Molekülion ([M-H]$^-$) der Merkaptursäure. Ein Fragment der Verbindung ist bei m/z 107 zu erkennen. Dieser Molekülzerfall unter Verlust von 129 Masseneinheiten ist typisch für Merkaptursäuren [169].

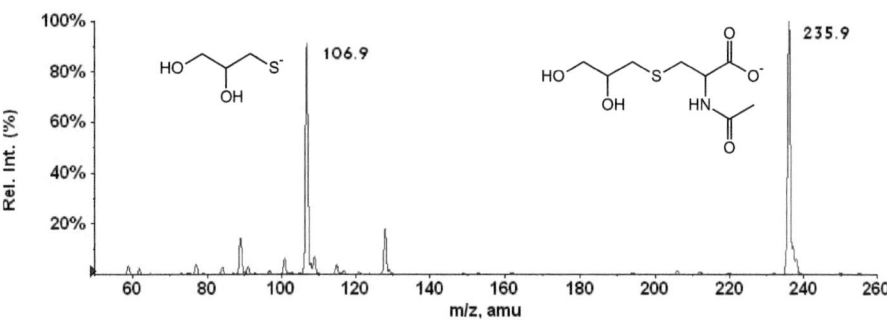

Abbildung 15: Massenspektrum (ESI-negativ) von 2,3-Dihydroxypropylmerkaptursäure mit den postulierten Strukturen der Fragmente.

Die Reinheit des synthetisierten Standards (> 95 %) wurde durch ^{1}H-NMR-Analyse bestätigt. Die erhaltenen ^{1}H-NMR-Signale (400 MHz, D$_2$O) zusammen mit ihrer Zuordnung sind Tabelle 7 und Abbildung 16 zu entnehmen. Alle Signale lassen sich anhand ihrer chemischen Verschiebung und der Art des Signals eindeutig den einzelnen Wasserstoffatomen der synthetisierten Verbindung zuordnen und beweisen die Identität mit DHPMA.

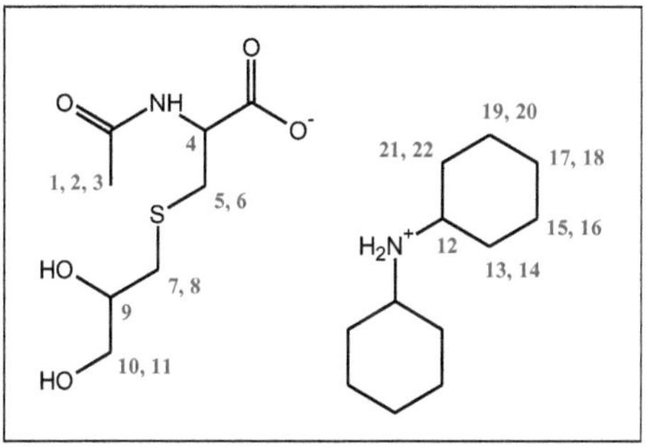

Abbildung 16: Struktur des Dicyclohexylaminsalzes der DHPMA mit den nummerierten Wasserstoffatomen.

Tabelle 7: ^{1}H-NMR-Signale der DHPMA-Eigensynthese als Dicyclohexylaminsalz zusammen mit einer Zuordnung der Signale zu den Wasserstoffatomen der Verbindung (m = Multiplett, d = Dublett, dd = doppeltes Dublett, s = Singulett).

Chemische Verschiebung [ppm]	Art des Signals	Entsprechende Anzahl an Wasserstoffatomen	Zuordnung (vergleiche Abbildung 16)
1,09 – 1,20	m	2	17
1,21 – 1,34	m	8	13, 15, 19, 21
1,65	d	2	18
1,80	m	4	16, 20
1,97	m	4	14, 22
2,02	s	3	1, 2, 3
2,60	dd	1	7
2,75	dd	1	8
2,89	dd	1	5
3,06	dd	1	6
3,15 – 3,28	m	2	12
3,52	dd	1	10
3,63	dd	1	11
3,80	m	1	9
4,35	dd	1	4

3.1.2 Lösungen, Laufmittel und Standardlösungen

Lösungen

- 50 mM Ammoniumformiat-Puffer pH = 2,5

Genau 1,58 g Ammoniumformiat wurde in ein 600-mL-Becherglas eingewogen, in etwa 400 mL bidestilliertem Wasser gelöst und mit Ameisensäure auf pH = 2,5 eingestellt. Die Lösung wurde in einen 500-mL-Messkolben überführt und mit bidestilliertem Wasser aufgefüllt.

- Wässrige Ameisensäure pH = 2,5

Etwa 800 mL bidestilliertes Wasser wurde mit Ameisensäure auf pH = 2,5 eingestellt und nach Überführen in einen 1000-mL-Messkolben mit bidestilliertem Wasser aufgefüllt.

- 5 % Methanol in wässriger Ameisensäure

In einem 500-mL-Messkolben wurde etwa 300 mL wässrige Ameisensäure pH = 2,5 vorgelegt. Es wurde 25 mL Methanol zugegeben und der Kolben mit wässriger Ameisensäure pH = 2,5 aufgefüllt.

- 2 % Ameisensäure in Methanol

In einem 500-mL-Messkolben wurde etwa 300 mL Methanol vorgelegt, 10 mL Ameisensäure zugegeben und der Kolben mit Methanol aufgefüllt.

- 100 mM Ammoniumacetatpuffer pH = 4,5

In ein 250-mL-Becherglas wurde genau 1,54 g Ammoniumacetat eingewogen und in etwa 150 mL hochreinem Wasser gelöst. Der pH-Wert der Lösung wurde mit Eisessig auf pH = 4,5 eingestellt und nach Überführen in einen 200-mL-Messkolben mit hochreinem Wasser aufgefüllt.

Laufmittel

- Laufmittel A

Acetonitril / Wasser, 88:12 (V/V) mit 5 mM Ammoniumacetat pH = 4,5

In einem 1000-mL-Messkolben wurde etwa 700 mL Acetonitril vorgelegt. Nach Zugabe von 50 mL Ammoniumacetatpuffer (100 mM, pH = 4,5) und 70 ml hochreinem Wasser wurde die Lösung für 10 min im Ultraschallbad entgast und anschließend mit Acetonitril aufgefüllt.

- Laufmittel B

Acetonitril / Wasser 5:95 (V/V) mit 5 mM Ammoniumacetat pH = 4,5

In einem 1000-mL-Messkolben wurde etwa 700 mL hochreines Wasser vorgelegt. Nach Zugabe von 50 mL Ammoniumacetatpuffer (100 mM, pH = 4,5) und 50 mL Acetonitril wurde die Lösung für 10 min im Ultraschallbad entgast. Im Anschluss wurde der Messkolben mit hochreinem Wasser aufgefüllt.

Standardlösungen

Aufgrund der unterschiedlichen Hintergrundgehalte mit der die in Abbildung 11 gezeigten Merkaptursäuren im menschlichen Urin vorkommen, wurden die Analyten in zwei

Konzentrationsgruppen aufgeteilt: Gruppe 1: DHPMA, 3-HPMA und DHBMA; Gruppe 2: HEMA, 2-HPMA und MHBMA. Für die beiden Gruppen wurden Dotierlösungen unterschiedlicher Konzentration hergestellt.

Interne Standards

- Ausgangslösungen (500 mg/L)

Je 5 mg der isotopenmarkierten Standardsubstanzen $^{13}C_2$-DHPMA, d_4-HEMA, $^{13}C_2$-2-HPMA, d_6-MHBMA und d_7-DHBMA sowie, unter Berücksichtigung des molaren Verhältnisses zum Dicyclohexylamin, 9,1 mg des internen Standards d_3-3-HPMA wurden in je einem 10-mL-Messkolben eingewogen und mit Methanol aufgefüllt. Es ergaben sich Ausgangslösungen der internen Standards mit einer Konzentration von je 500 mg/L.

- IS-Dotierlösung (15 mg/L bzw. 5 mg/L)

Je 100 µL der Ausgangslösungen von d_4-HEMA, $^{13}C_2$-2-HPMA und d_3-3-HPMA sowie je 300 µL der Ausgangslösungen von $^{13}C_2$-DHPMA, d_7-DHBMA und d_6-MHBMA wurden in einen 10-mL-Messkolben pipettiert und mit Methanol aufgefüllt. Die entstandene Dotierlösung enthielt eine Konzentration von je 5 mg/L d_4-HEMA, $^{13}C_2$-2-HPMA und d_3-3-HPMA sowie je 15 mg/L $^{13}C_2$-DHPMA, d_7-DHBMA und d_6-MHBMA.

Die Abweichung zu den oben genannten Konzentrationsgruppen ergab sich aufgrund eines höheren Intensitätssignals von d_4-HEMA, $^{13}C_2$-2-HPMA und d_3-3-HPMA im Massenspektrometer im Vergleich zu den unmarkierten Standardverbindungen.

Vergleichstandards

- Ausgangslösungen (1 g/L)

Je 10 mg der Standardsubstanzen HEMA, MHBMA und DHBMA sowie 19,6 mg des Dicyclohexylaminsalzes von DHPMA und je 18,1 mg des Dicyclohexylaminsalzes von 2-HPMA und 3-HPMA wurden in je einen 10-mL-Messkolben eingewogen und mit Methanol aufgefüllt. Die Ausgangslösungen enthielten eine Konzentration von je 1 g/L der entsprechenden Standardsubstanz.

- Dotierlösung I (25 mg/L bzw. 5 mg/L)

Je 500 µL der Ausgangslösungen von DHPMA, 3-HPMA und DHBMA sowie je 100 µL der Ausgangslösungen von HEMA, 2-HPMA und MHBMA wurden in einen 20-mL-Messkolben pipettiert und mit bidestilliertem Wasser aufgefüllt. Die Dotierlösung I enthielt je 25 mg/L DHPMA, 3-HPMA und DHBMA sowie je 5 mg/L HEMA, 2-HPMA und MHBMA.

- Dotierlösung II (5 mg/L bzw. 1 mg/L)

4 mL der Dotierlösung I wurden in einen 20-mL-Messkolben pipettiert und mit bidestilliertem Wasser aufgefüllt. Die entstandene Dotierlösung II enthielt je 5 mg/L DHPMA, 3-HPMA und DHBMA sowie je 1 mg/L HEMA, 2-HPMA und MHBMA.

Alle Standardlösungen waren bei -18 °C mindestens 1 Jahr ohne Verluste lagerfähig.

Kalibrierlösungen

Die Kalibrierung wurde in Poolurin angesetzt. Die wässrigen Dotierlösungen wurden gemäß dem in Tabelle 8 angegebenen Pipettierschema mit Poolurin zu einem Endvolumen von 2 mL gemischt. Die Aufarbeitung der Kalibrierlösungen erfolgte analog zu den Proben wie unter Abschnitt 3.1.3 angegeben.

Tabelle 8: Pipettierschema zur Herstellung der Kalibrierlösungen.

Kalibrierpunkt	Dotierung [µg/L]		Volumen Dotierlösung I [µL]	Volumen Dotierlösung II [µL]	Volumen Poolurin [µL]
	Gruppe 1	Gruppe 2			
K0	0	0	-	-	2000
K1	25	5	-	10	1990
K2	50	10	-	20	1980
K3	100	20	-	40	1960
K4	250	50	-	100	1900
K5	500	100	40	-	1960
K6	1000	200	80	-	1920

3.1.3 Probenaufarbeitung

Bis zur Probenaufarbeitung wurden die Urinproben bei -18 °C in Polyethylenbehältern gelagert. Unmittelbar vor der Analyse wurde der Urin aufgetaut, auf Raumtemperatur gebracht und gut durchmischt. Aus dieser Probe wurde ein Aliquot von 2 mL Urin in ein 13-mL-Plastikröhrchen überführt und zur Einstellung des pH-Wertes mit 2 mL Ammoniumformiatpuffer pH = 2,5 und 40 µL Ameisensäure versetzt. Anschließend erfolgte die Zugabe von 30 µL Dotierlösung der internen Standards. Die Proben wurden am Vortexmixer 15 s lang durchmischt und anschließend bei 2000 g 10 min zentrifugiert.

Die Festphasenextraktion erfolgte an ENV+-Kartuschen. Diese wurden zunächst zweimal mit je 3 mL Methanol und zweimal mit je 3 mL wässriger Ameisensäure pH = 2,5 konditioniert. Anschließend erfolgte die Aufgabe von 4 mL der zentrifugierten Probenlösung (ohne Bodensatz!) mit einer Flussrate der Probe durch die Kartusche von etwa 1 Tropfen/s. Im Anschluss wurde die Kartusche mit 3 mL wässriger Ameisensäure und mit 1,5 mL 5 % Methanol in wässriger Ameisensäure gewaschen und danach unter Vakuum mindestens 30 min lang trocken gesaugt. Die Elution der Analyten erfolgte mit 2,5 mL 2 % Ameisensäure in Methanol. Das Eluat wurde in 15-mL-Schraubgläsern aufgefangen und im Stickstoffstrom bei etwa 50 °C zur Trockne gebracht. Nach Aufnahme des Rückstandes in 1 mL Laufmittel A und Überführung in 1,8-mL-Gewindeflaschen wurde erneut zentrifugiert (2000 g, 10 min) und der Überstand zur Analyse mittels LC-MS/MS eingesetzt.

3.1.4 Instrumentelle Arbeitsbedingungen

3.1.4.1 Hochleistungs-Flüssigkeitschromatographie

Die chromatographischen Einstellungen an der HPLC-Anlage wurden wie folgt vorgenommen:

Analytische Säule:	Strategy HILIC Silica 100 x 2,1 mm, 2,2 µm mit Vorfilter: Uptifilter 2 µm
Trennprinzip:	HILIC
Mobile Phase:	<u>Laufmittel A</u>:
	Acetonitril / Wasser, 88:12 (V/V) mit 5 mM Ammoniumacetat pH = 4,5
	<u>Laufmittel B</u>:
	Acetonitril / Wasser 5:95 (V/V) mit 5 mM Ammoniumacetat pH = 4,5
Flussrate:	0,3 mL/min
Injektionsvolumen:	15 µL
Gradient:	siehe Tabelle 9

MATERIAL UND METHODEN

Tabelle 9: Gradientenprogramm der Pumpe.

Zeit [min]	Fluss [mL/min]	Laufmittel A [%]	Laufmittel B [%]
0	0,3	100	0
8,0	0,3	100	0
10,0	0,3	65	35
14,0	0,3	65	35
16,0	0,3	100	0
23,0	0,3	100	0

Injektionsventil: 2,0 – 9,0 min: Fluss in MS/MS

3.1.4.2 Tandemmassenspektrometrie

Am Tandemmassenspektrometer wurden über die Sciex Analyst Software die folgenden Einstellungen vorgenommen:

<u>Ionenquelle</u>

Ionisationsmodus:	Elektrospray-Ionisation, negativ
Temperatur:	475 °C
Ion Spray Voltage:	-4500 V
Nebulizing Gas:	Stickstoff, 35 psi
Turbo Heater Gas:	Stickstoff, 60 psi
Curtain Gas (CUR):	Stickstoff, 30 psi
Kollisionsgas (CAD):	Stickstoff, 3 Instrumenteneinheiten

<u>Massenspektrometer</u>

Resolution Q1:	Unit
Resolution Q3:	Unit
Settling time:	5 msec
Dwell time:	100 msec
Scan Modus:	MRM (Multi-Reaction-Mode)

Analytspezifische Parameter

Die analytspezifischen, massenspektrometrischen Parameter wurden für jede Substanz einzeln optimiert. Dazu dienten methanolische Lösungen der Analyten und internen Standards, die in einer Konzentration von je 10 mg/L einzeln über die Spritzenpumpe (Durchmesser 4,6 mm) mit einem Fluss von 10 µL/min direkt in das MS/MS-System injiziert wurden. Die Optimierung der Parameter erfolgte mithilfe des „Quantitative Optimization Wizard" der Sciex Analyst Software. Für jede Substanz ließ sich ein spezifischer Zerfall vom Mutterion zum Tochterion ermitteln (Quantifier). Sofern möglich, wurde ein zweiter Zerfall optimiert, der bei der analytischen Bestimmung zur zusätzlichen Identifizierung der Substanz herangezogen werden konnte (Qualifier). Dies war bei den beiden Dihydroxyverbindungen DHPMA und DHBMA der Fall.

Beispielhaft zeigt Abbildung 17 das Q1-Massenspektrum von DHBMA, das durch direkte Infusion einer methanolischen Lösung von DHBMA (10 mg/L) über eine Spritzenpumpe in das Massenspektrometer erhalten wurde. Neben dem Molekülion ([M-H]$^-$) bei m/z = 250 waren zwei deutliche Fragmente bei m/z = 121 und m/z = 75 zu erkennen. Der Hauptzerfall m/z 250 → 121 zeigte den für Merkaptursäuren typischen Verlust von 129 Masseneinheiten [169].

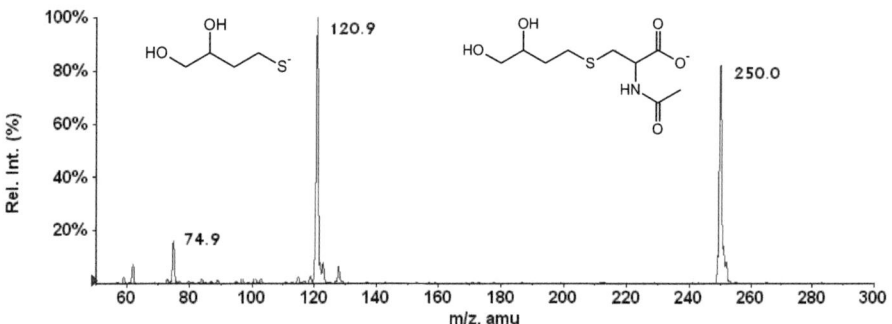

Abbildung 17: Massenspektrum (ESI-negativ) von DHBMA (10 mg/L in Methanol) mit den postulierten Fragmentstrukturen.

Die ermittelten spezifischen Parameter der Analyten und internen Standardsubstanzen sind zusammen mit den dazugehörigen Retentionszeiten unter den aufgeführten Analysenbedingungen in Tabelle 10 zusammengestellt.

Tabelle 10: Retentionszeiten und MRM-Parameter der Analyten und der isotopenmarkierten internen Standardverbindungen. Mit * gekennzeichnete Zerfälle wurden als Qualifier-Massenspuren zusätzlich zur Identifizierung herangezogen (DP – declustering potential, FP – focussing potential, EP – entrance potential, CE – collision energy).

Analyt	Retentionszeit [min]	Mutter-Ion (Q1)	Tochter-Ion (Q3)	DP [V]	FP [V]	EP [V]	CE [V]
MHBMA	3,9	232	103	-21	-340	-10	-20
2-HPMA	5,5	220	91	-31	-250	-7	-22
3-HPMA	5,9	220	91	-31	-250	-7	-22
HEMA	6,0	206	77	-23	-320	-5	-20
DHPMA	8,2	236	107	-26	-220	-10	-18
			89*	-26	-280	-10	-28
DHBMA	8,4	250	121	-31	-320	-5	-24
			75*	-36	-350	-9,5	-30
d_6-MHBMA	3,9 / 4,8	238	109	-41	-210	-11	-22
$^{13}C_2$-2-HPMA	5,5	222	93	-26	-330	-9,5	-24
d_3-3-HPMA	5,9	223	91	-26	-300	-8,5	-18
d_4-HEMA	6,1	210	81	-26	-310	-10,5	-22
$^{13}C_2$-DHPMA	8,1	238	107	-26	-310	-8,5	-20
d_7-DHBMA	8,6	257	128	-36	-350	-5,5	-24

3.1.5 Analytische Bestimmung

Von den nach Abschnitt 3.1.3 durch Festphasenextraktion aufgearbeiteten Proben wurden jeweils 15 µL in das LC-MS/MS-Gerät injiziert. Die Identifizierung der Hydroxyalkylmerkaptursäuren erfolgte anhand der spezifischen Massenzerfälle und der Retentionszeit. Im Falle der Dihydroxyalkylmerkaptursäuren DHPMA und DHBMA wurde zur Identifizierung zusätzlich noch das charakteristische Intensitätsverhältnis von Qualifier zu Quantifier herangezogen (siehe Tabelle 11).

Tabelle 11: Verhältnis der Peakflächen von Qualifier- zur Quantifier-Massenspur bei DHPMA und DHBMA.

Analyt	Verhältnis Qualifier/Quantifier [%]
DHPMA	20
DHBMA	15

3.1.6 Kalibrierung und Berechnung der Analysenergebnisse

Zur Kalibrierung der Methode wurden die unter Abschnitt 3.1.2 beschriebenen Kalibrierlösungen analog zu den Proben aufgearbeitet (vergleiche Abschnitt 3.1.3) und mittels LC-MS/MS (vergleiche Abschnitt 3.1.4) unter Verwendung eines Injektionsvolumen von 15 µL analysiert. Die Erstellung der Kalibrierfunktion erfolgte durch Auftragung der Konzentration der Kalibrierlösung gegen den Quotienten aus der Peakfläche des Analyten und der Peakfläche des jeweiligen isotopenmarkierten internen Standards (IS). Die Kalibrierfunktion war in Poolurin unter den beschriebenen Analysenbedingungen im betrachteten Konzentrationsbereich von 25 bis 1000 µg/L (Gruppe 1: 3-HPMA, DHPMA, DHBMA) bzw. von 5 bis 200 µg/L (Gruppe 2: MHBMA, 2-HPMA, HEMA) linear mit einem Korrelationskoeffizienten von r ≥ 0,998 für alle Analyten. Abbildung 18 zeigt beispielhaft eine Kalibrierfunktion von DHPMA in Poolurin.

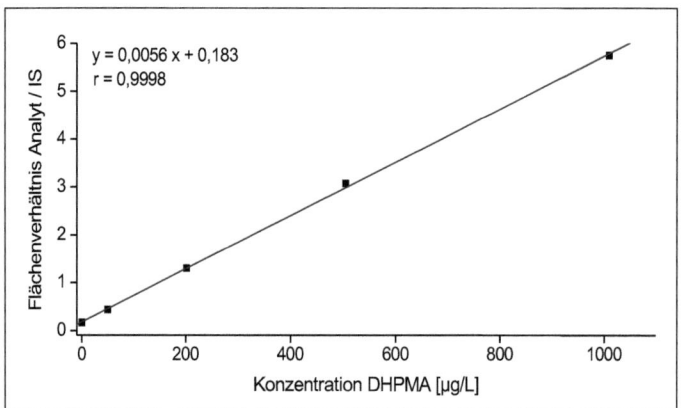

Abbildung 18: Kalibrierfunktion von DHPMA in Poolurin im Konzentrationsbereich bis 1000 µg/L.

MATERIAL UND METHODEN 53

Zur Berechnung des Analytgehaltes in einer Urinprobe wurde der Quotient aus der Peakfläche des Analyten und der Peakfläche des dazugehörigen internen Standards (IS) gebildet. Mithilfe der zur Analysenserie gehörenden Kalibrierfunktion des jeweiligen Analyten konnte aus dem ermittelten Quotienten der Analytgehalt in µg/L Urin berechnet werden (FE – Flächeneinheiten):

$$Analytkonzentration\ [\mu g/L] = \frac{Peakfläche\ Analyt\ [FE]\ /\ Peakfläche\ IS\ [FE]}{Steigung\ der\ Kalibriergerade}$$

3.1.7 Qualitätssicherung

Zur Sicherung des Analysenergebnisses wurde in jeder Analysenserie eine Qualitätskontrollprobe mit konstanter Analytkonzentration zur Präzisionsüberwachung mitgeführt. Ein solches Referenzmaterial war kommerziell nicht erhältlich und musste selbst hergestellt werden. Dazu wurde ein Nichtraucher-Poolurin (Kreatiningehalt 0,5 g/L) verwendet, der für die Analyten der Gruppe 2 (MHBMA, 2-HPMA, HEMA) unter Verwendung von Standardlösungen mit 10 µg Analyt je Liter Urin dotiert wurde. Die Analyten der Gruppe 1 wiesen auch in Nichtraucherurin eine ausreichend hohe Hintergrundbelastung auf, so dass für diese Merkaptursäuren keine zusätzliche Dotierung notwendig war. Das hergestellte Kontrollmaterial wurde zu je 2 mL aliquotiert und bis zur Analyse bei -18 °C tiefgefroren. Die Dokumentation der Analysenergebnisse der Qualitätskontrollproben erfolgte über Qualitätskontrollkarten. Sollwert (Mittelwert) und Standardabweichung wurden anhand einer Vorperiode durch Messung der Qualitätskontrollproben an 10 verschiedenen Tagen durchgeführt. Lag der Wert für die Qualitätskontrolle außerhalb des Toleranzbereiches (zweifache Standardabweichung), musste die Analysenserie wiederholt werden. Der Sollwert im Kontrollmaterial wurde bestimmt zu 154 µg DHPMA, 91,0 µg DHBMA, 341 µg 3-HPMA, 23,4 µg 2-HPMA, 11,2 µg HEMA und 12,8 µg MHBMA je Liter Urin.

3.2 Bestimmung der Merkaptursäuren des 2-Chloroprens und des Epichlorhydrins

Das hier beschriebene analytische Verfahren diente der simultanen Bestimmung der primären Merkaptursäure des Epichlorhydrins 3-Chlor-2-hydroxypropylmerkaptursäure (CHPMA) sowie von fünf potentiellen Merkaptursäuren des 2-Chloroprens im Urin: 4-Chlor-3-oxobutyl-MA (Cl-MA I), 4-Chlor-3-hydroxybutyl-MA (Cl-MA II), 3-Chlor-2-hydroxy-3-butenyl-MA (Cl-MA III), 4-Hydroxy-3-oxobutyl-MA (HOBMA) und 3,4-Dihydroxybutyl-MA (DHBMA) (siehe Abbildung 19).

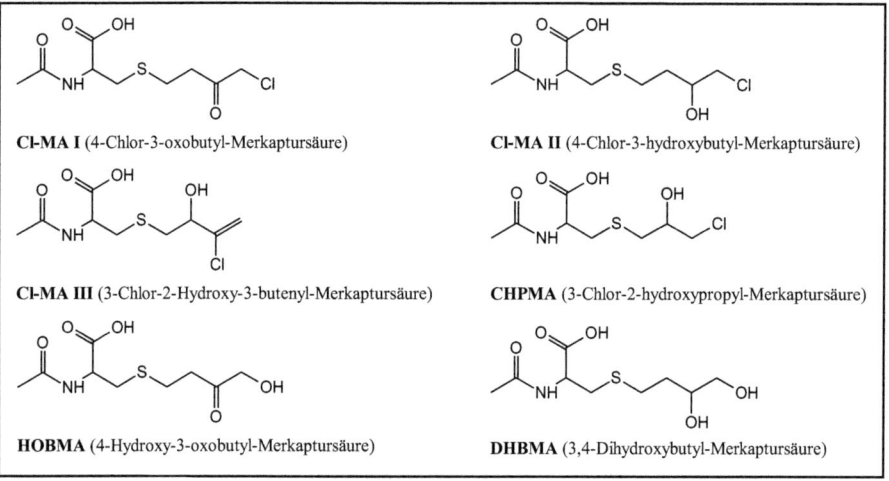

Abbildung 19: Strukturen der untersuchten Merkaptursäuren des 2-Chloroprens und der Merkaptursäure des Epichlorhydrins (CHPMA).

Zur Bestimmung wurden die auf pH = 2,5 gepufferten Urinproben mit isotopenmarkierten internen Standards versetzt, mittels online-SPE aufgearbeitet und analysiert. Dazu wurden die Analyten an einer C18-RAM-Phase angereichert und von Matrixbestandteilen abgetrennt. Unter Umkehr der Fließrichtung wurden die Analyten dann von der RAM-Phase auf die analytische Säule überführt, chromatographisch getrennt und anschließend tandemmassenspektrometrisch detektiert.

3.2.1 Geräte, Material und Chemikalien

3.2.1.1 Geräte und Material

Für die Durchführung der analytischen Methode wurden die folgenden Geräte und Materialien eingesetzt:

- HPLC-Anlage HP 1100 mit quarternärer Pumpe P1 (G 1311A), Autosampler (G 1313A) und Vakuumentgaser (G 1322A) (Agilent, Waldbronn)
- Isokratische Pumpe P2 Merck-Hitachi L-6000 (Merck, Darmstadt)
- Tandem-Massenspektrometer Sciex API 2000 LC-MS/MS mit softwaregesteuertem 10-Wege-Ventil und Elektrospray-Ionisierung (ESI)-Interface (Applied Biosystems, Langen)
- Analytische Säule:
  - Synergi Max RP C12, 150 x 3,0 mm, 4 µm mit Vorsäule C12 4 x 3,0 mm (Phenomenex, Aschaffenburg)
- Anreicherungssäule (RAM-Phase):
  - LiChrospher RP-18 ADS 4 x 25 mm, 25 µm (Merck, Darmstadt)

- Gewindeflaschen, 1,8 mL mit PTFE-Septen und Schraubdeckeln (VWR, Darmstadt)
- Magnetrührer IKAMAG RH (IKA Labortechnik, Nürnberg)
- Magnetrührfisch (VWR, Darmstadt)
- pH-Elektrode InLab 412 (Mettler-Toledo, Steinbach)
- pH-Meter 761 Calimatic (Knick, Berlin)
- Plastikröhrchen mit Deckel, 13 mL (Laborcenter Nürnberg)
- Präzisionswaage (Sartorius, Göttingen)
- Schraubgläser, 15 mL (Laborcenter Nürnberg)
- Ultraschallbad Ultrasonic Cleaner (VWR, Darmstadt)
- Verschiedene Bechergläser und Messkolben (VWR, Darmstadt)
- Verschiedene Pipetten und Multipetten (Eppendorf, Hamburg)
- Vortex-Mixer Genie 2 (Scientific Industries, Nürnberg)
- Zentrifuge Multifuge 3 L-R (Heraeus, Nürnberg)

3.2.1.2 Chemikalien

Die verwendeten Referenzstandards, internen Standardsubstanzen sowie sonstige verwendete Chemikalien werden im Folgenden aufgelistet:

Referenzstandards

- DHBMA, N-Acetyl-S-(3,4-Dihydroxybutyl)-L-cystein, Reinheit 98 % (Toronto Research Chemicals, Toronto, Kanada)
- CHPMA, N-Acetyl-S-(3-Chlor-2-hydroxypropyl)-L-cystein, Reinheit > 95 % (Auftragssynthese, Institut für Organische und Biomolekulare Chemie, Göttingen)
- Cl-MA I, N-Acetyl-S-(4-Chlor-3-oxobutyl)-L-cystein, Reinheit > 95 % (Auftragssynthese, Institut für Organische und Biomolekulare Chemie, Göttingen)
- Cl-MA II, N-Acetyl-S-(4-Chlor-3-hydroxybutyl)-L-cystein, Reinheit > 95 % (Auftragssynthese, Institut für Organische und Biomolekulare Chemie, Göttingen)
- Cl-MA III, N-Acetyl-S-(3-Chlor-2-hydroxy-3-butenyl)-L-cystein, Reinheit > 95 % (Auftragssynthese, Institut für Organische und Biomolekulare Chemie, Göttingen)
- HOBMA, N-Acetyl-S-(4-Hydroxy-3-oxobutyl)-L-cystein, Reinheit > 95 % (Auftragssynthese, Institut für Organische und Biomolekulare Chemie, Göttingen)

Interne Standards

- D_7-DHBMA, N-Acetyl-S-(3,4-Dihydroxybutyl-d_7)-L-cystein, Reinheit 98 %, Isotopenreinheit 99 % (Toronto Research Chemicals, Toronto, Kanada)
- D_3-CHPMA, N-Acetyl-d_3-S-(3-Chlor-2-hydroxypropyl)-L-cystein, Reinheit 98 %, Isotopenreinheit 98 % (Auftragssynthese, Institut für Organische und Biomolekulare Chemie, Göttingen)
- D_3-Cl-MA I, N-Acetyl-d_3-S-(4-Chlor-3-oxobutyl)-L-cystein, Reinheit 96 %, Isotopenreinheit 98 % (Auftragssynthese, Institut für Organische und Biomolekulare Chemie, Göttingen)
- D_3-Cl-MA III, N-Acetyl-d_3-S-(3-Chlor-2-hydroxy-3-butenyl)-L-cystein, Reinheit 98 %, Isotopenreinheit 98 % (Auftragsynthese, Institut für Organische und Biomolekulare Chemie, Göttingen)
- D_3-HOBMA, N-Acetyl-d_3-S-(4-Hydroxy-3-oxobutyl)-L-cystein, Reinheit 98 %, Isotopenreinheit 98 % (Auftragssynthese, Institut für Organische und Biomolekulare Chemie, Göttingen)

MATERIAL UND METHODEN   57

Sonstige Chemikalien

- Ameisensäure, 98 – 100 % (Merck, Darmstadt)
- Ammoniumformiat, p. a. (Sigma-Aldrich, Steinheim)
- Methanol, für die Flüssigkeitschromatographie (Merck, Darmstadt)
- Wasser, bidestilliert
- Wasser, hochrein für die Chromatographie (Merck, Darmstadt)

3.2.2 Lösungen, Laufmittel und Standardlösungen

Lösungen

- 50 mM Ammoniumformiat-Puffer pH = 2,5

Genau 1,58 g Ammoniumformiat wurde in ein 600-mL-Becherglas eingewogen, in etwa 400 mL bidestilliertem Wasser gelöst und mit Ameisensäure auf pH = 2,5 eingestellt. Die Lösung wurde in einen 500-mL-Messkolben überführt und mit bidestilliertem Wasser aufgefüllt.

Laufmittel

- Laufmittel A

Wasser / Methanol, 88:12 (V/V) mit 0,02 % Ameisensäure

In einem 1000-mL-Messkolben wurde etwa 700 mL hochreines Wasser vorgelegt. Nach Zugabe von 120 mL Methanol und 200 µL Ameisensäure wurde die Lösung für 10 min im Ultraschallbad entgast. Anschließend wurde der Messkolben mit hochreinem Wasser aufgefüllt.

- Laufmittel B

Wasser / Methanol 10:90 (V/V) mit 0,02 % Ameisensäure

In einem 1000-mL-Messkolben wurde etwa 700 mL Methanol vorgelegt. Nach Zugabe von 100 mL hochreinem Wasser und 200 µL Ameisensäure wurde die Lösung für 10 min im Ultraschallbad entgast. Im Anschluss wurde der Messkolben mit Methanol aufgefüllt.

- Laufmittel C

0,5 % Ameisensäure

In einem 500-mL-Messkolben wurde etwa 300 mL hochreines Wasser vorgelegt. Nach Zugabe von 2,5 mL Ameisensäure wurde der Messkolben mit hochreinem Wasser aufgefüllt.

- Laufmittel D

0,1 % Ameisensäure

In einem 1000-mL-Messkolben wurde etwa 800 mL hochreines Wasser vorgelegt. Nach Zugabe von 1,0 mL Ameisensäure wurde die Lösung für 10 min im Ultraschallbad entgast und der Messkolben anschließend mit hochreinem Wasser aufgefüllt.

Standardlösungen

Aufgrund der unterschiedlichen Hintergrundgehalte mit der die untersuchten Merkaptursäuren im menschlichen Urin vorkommen, wurden die Analyten in zwei Konzentrationsgruppen aufgeteilt: Gruppe 1: DHBMA und HOBMA; Gruppe 2: CHPMA, Cl-MA I, Cl-MA II und Cl-MA III. Für die beiden Gruppen wurden Dotierlösungen unterschiedlicher Konzentration hergestellt.

Interne Standards

- Ausgangslösungen (500 mg/L)

Je 5 mg der isotopenmarkierten Standardsubstanzen d_3-CHPMA, d_3-Cl-MA I, d_3-Cl-MA III, d_3-HOBMA und d_7-DHBMA wurden in je einem 10-mL-Messkolben eingewogen und mit Methanol aufgefüllt. Es ergaben sich Ausgangslösungen der internen Standards mit einer Konzentration von je 500 mg/L.[*]

- IS-Dotierlösung (20 mg/L bzw. 10 mg/L)

Je 400 µL der Ausgangslösungen von d_3-HOBMA und d_7-DHBMA sowie je 200 µL der Ausgangslösungen von d_3-CHPMA, d_3-Cl-MA I und d_3-Cl-MA III wurden in einen 10-mL-Messkolben pipettiert und mit Methanol aufgefüllt. Die entstandene Dotierlösung enthielt eine Konzentration von je 20 mg/L d_3-HOBMA und d_7-DHBMA sowie je 10 mg/L d_3-CHPMA, d_3-Cl-MA I und d_3-Cl-MA III.

Vergleichstandards

- Ausgangslösungen (1 g/L)

Je 10 mg der Standardsubstanzen CHPMA, Cl-MA I, Cl-MA II, Cl-MA III, HOBMA und DHBMA wurden in je einen 10-mL-Messkolben eingewogen und mit Methanol aufgefüllt. Die Ausgangslösungen enthielten eine Konzentration von je 1 g/L der entsprechenden Standardsubstanz.

- Dotierlösung I (25 mg/L bzw. 5 mg/L)

Je 500 µL der Ausgangslösungen von HOBMA und DHBMA sowie je 100 µL der Ausgangslösungen von CHPMA, Cl-MA I, Cl-MA II und Cl-MA III wurden in einen 20-mL-Messkolben pipettiert und mit bidestilliertem Wasser aufgefüllt. Die Dotierlösung I enthielt je 25 mg/L HOBMA und DHBMA sowie je 5 mg/L CHPMA, Cl-MA I, Cl-MA II und Cl-MA III.

- Dotierlösung II (5 mg/L bzw. 1 mg/L)

4 mL der Dotierlösung I wurden in einen 20-mL-Messkolben pipettiert und mit bidestilliertem Wasser aufgefüllt. Die entstandene Dotierlösung II enthielt je 5 mg/L HOBMA und DHBMA sowie je 1 mg/L CHPMA, Cl-MA I, Cl-MA II und Cl-MA III.

Mit Ausnahme der Standardlösungen von Cl-MA II waren alle Standardlösungen bei -18 °C mindestens 1 Jahr ohne Verluste lagerfähig. Für Cl-MA II zeigte nur die methanolische Ausgangslösung eine ausreichende Stabilität. In den wässrigen Dotierlösungen baute sich Cl-MA II vor allem bei Raumtemperatur schnell ab (vergleiche Abschnitt 4.2.3.).

Kalibrierlösungen

Die wässrigen Dotierlösungen wurden gemäß dem in Tabelle 12 angegebenen Pipettierschema mit Poolurin zu einem Endvolumen von 1 mL gemischt. Die Aufarbeitung der Kalibrierlösungen erfolgte analog zu den Proben wie unter Abschnitt 3.2.3 angegeben.

---

[*] Für Cl-MA II wurde wegen Instabilität kein eigener interner Standard beschafft (vergleiche Abschnitt 4.2.3).

Tabelle 12: Pipettierschema zur Herstellung der Kalibrierlösungen.

Kalibrierpunkt	Dotierung [µg/L]		Volumen Dotierlösung I [µL]	Volumen Dotierlösung II [µL]	Volumen Poolurin [µL]
	Gruppe 1	Gruppe 2			
K0	0	0	-	-	1000
K1	25	5	-	5	995
K2	50	10	-	10	990
K3	125	25	-	25	975
K4	250	50	-	50	950
K5	500	100	20	-	980
K6	1000	200	40	-	960

3.2.3 Probenaufarbeitung

Bis zur Probenaufarbeitung wurden die Urinproben bei -18 °C in Polyethylenbehältern gelagert. Vor der Analyse wurde der Urin aufgetaut, auf Raumtemperatur gebracht und gut durchmischt. Aus dieser Probe wurde ein Aliquot von 1 mL Urin in ein 13-mL-Plastikröhrchen überführt und zur Einstellung des pH-Wertes mit 0,5 mL Ammoniumformiatpuffer pH = 2,5 und 40 µL Ameisensäure versetzt. Anschließend erfolgte die Zugabe von 20 µL Dotierlösung der internen Standards. Die Probe wurde am Vortexmixer 15 s lang intensiv durchmischt und anschließend bei 2000 g 10 min zentrifugiert. Von der zentrifugierten Probenlösung wurde 1 mL Überstand abgenommen, in eine 1,8-mL-Gewindeflasche überführt und zur Analyse mittels LC-MS/MS eingesetzt.

3.2.4 Instrumentelle Arbeitsbedingungen

3.2.4.1 Hochleistungs-Flüssigkeitschromatographie

Die chromatographischen Einstellungen an der HPLC-Anlage wurden wie folgt vorgenommen:

Analytische Säule: Synergi Max RP C12 150 x 3,0 mm, 4 µm mit Vorsäule C12 4 x 3,0 mm

Anreicherungssäule: LiChrospher RP-18 ADS 4 x 25 mm, 25 µm (RAM-Phase)

Trennprinzip: Reversed Phase (RP)

Material und Methoden

Mobile Phase:
 Quarternäre Pumpe P1: Laufmittel A: Wasser / Methanol (88:12, v/v) mit 0,02 % Ameisensäure
 Laufmittel B: Wasser / Methanol (10:90, v/v) mit 0,02 % Ameisensäure
 Laufmittel C: 0,5 % wässrige Ameisensäure
 Isokratische Pumpe P2: Laufmittel D: 0,1 % wässrige Ameisensäure
Flussrate: Quarternäre Pumpe P1: 0,3 mL/min
 Isokratische Pumpe P2: 0,5 mL/min
Injektionsvolumen: 100 µL
Fließmittelprogramm: Quarternäre Pumpe P1: siehe Tabelle 13
 Isokratische Pumpe P2: 100 % Laufmittel D

Tabelle 13: Gradientenprogramm der quarternären Pumpe P1.

Zeit [min]	Fluss [mL/min]	Laufmittel A [%]	Laufmittel B [%]	Laufmittel C [%]
0	0,3	100	0	0
2,0	0,3	100	0	0
5,0	0,3	75	25	0
6,5	0,3	50	38	12
11,5	0,3	0	88	12
13,0	0,3	0	88	12
14,5	0,3	12	88	0
19,0	0,3	100	0	0
30,0	0,3	100	0	0

Injektionsventil: Schaltprogramm siehe Tabelle 14

Für die Probenaufarbeitung und Trennung mittels HPLC wurden zwei HPLC-Pumpen benötigt: eine Gradientenpumpe (hier: quarternäre Pumpe P1) und eine isokratische Pumpe (hier: Pumpe P2). Die zwei chromatographischen Säulen (RAM-Phase und analytische Säule) wurden über ein 10-Wege-Ventil miteinander gekoppelt. Die Verwendung eines 6-Wege-Ventils war ebenfalls möglich.

Tabelle 14: Programm des Schaltventils.

Zeit [min]	Schaltposition	Beschreibung
0	A	0 – 1,5 min: Anreicherung der Analyten auf der RAM-Phase über die isokratische Pumpe P2
1,5	B	1,5 – 16 min: Rückspülung der RAM-Phase über die quarternäre Pumpe P1, Überführung der Analyten auf die analytische Säule
16,0	A	16 – 30 min: Rekonditionierung der RAM-Phase über die isokratische Pumpe P2, Rekonditionierung der analytischen Säule über die quarternäre Pumpe P1

Schaltposition A (siehe Abbildung 20):

Die Probenlösung wurde über die isokratische Pumpe P2 mit dem Laufmittel D (0,1 % Ameisensäure) in das HPLC-System injiziert und auf die RAM-Phase aufgegeben. Bestandteile der Probenlösung, die nicht auf der RAM-Phase festgehalten werden, gelangten direkt in den Abfall (Anreicherung der Analyten, Abtrennung von Matrixbestandteilen). Über die quarternäre Pumpe P1 erfolgte die Konditionierung der analytischen Säule.

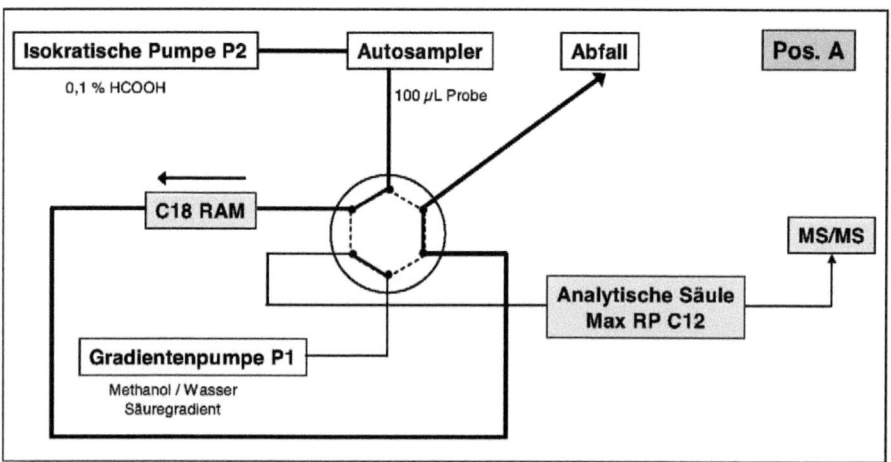

Abbildung 20: Schaltkreislauf unter Verwendung eines 6-Wege-Ventils bei Schaltposition A.

Schaltposition B (siehe Abbildung 21):
Die RAM-Phase wurde unter Umkehr der Fließrichtung mit den Laufmitteln der quarternären Pumpe P1 gespült. Dabei wurden die dort festgehaltenen Analyten durch den ansteigenden Organikanteil von der RAM-Phase gespült und auf die analytische Säule übertragen. Das Laufmittel der isokratischen Pumpe P2 spülte die Injektionsschleife des Autosamplers und gelangte anschließend direkt in den Abfall.

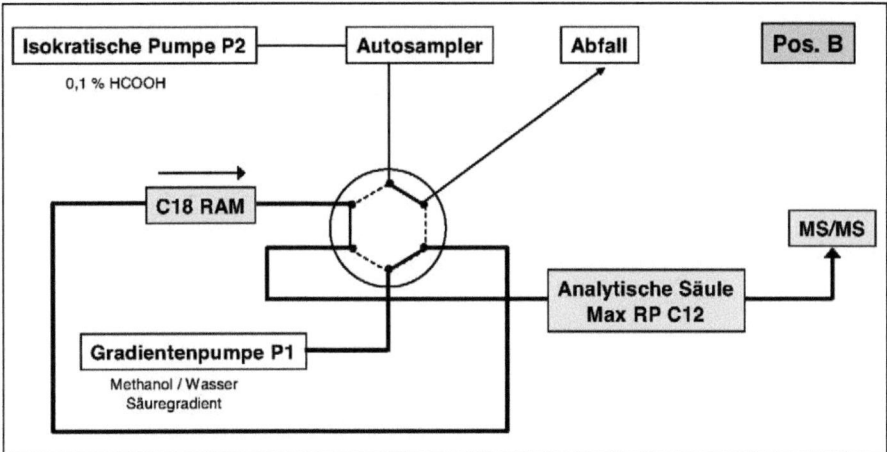

Abbildung 21: Schaltkreislauf unter Verwendung eines 6-Wege-Ventils bei Schaltposition B.

Das Gradientenprogramm der quarternären Pumpe P1 sowie das Schaltprogramm des Ventils wurden über die Software des LC-MS/MS-Geräts Analyst 1.4 gesteuert. Die isokratische Pumpe P2 wurde manuell bedient und auf einen konstanten Fluss von 0,5 mL/min eingestellt. Es empfahl sich, vor die RAM-Phase einen 5-µm-Partikelfilter einzufügen, um Verstopfungen der RAM-Phase zu vermeiden.

3.2.4.2 Tandemmassenspektrometrie

Am MS/MS-Gerät wurden über die Sciex Analyst Software die folgenden Einstellungen vorgenommen:

Ionenquelle

Ionisationsmodus:	Elektrospray-Ionisation, negativ
Temperatur:	475 °C
Ion Spray Voltage:	-4500 V
Nebulizing Gas:	Stickstoff, 35 psi
Turbo Heater Gas:	Stickstoff, 60 psi
Curtain Gas (CUR):	Stickstoff, 30 psi
Kollisionsgas (CAD):	Stickstoff, 3 Instrumenteneinheiten

Massenspektrometer

Resolution Q1:	Unit
Resolution Q3:	Unit
Settling time:	5 msec
Dwell time:	100 msec
Scan Modus:	MRM (Multi-Reaction-Mode)

Analytspezifische Parameter

Die analytspezifischen Parameter für die Tandemmassenspektrometrie wurden analog zu denen der Hydroxyalkylmerkaptursäuren bestimmt (vergleiche Abschnitt 3.1.4.2). Für jede Substanz ließen sich zwei spezifische Zerfälle vom Mutterion zum Tochterion ermitteln (Quantifier und Qualifier). Die ermittelten spezifischen Parameter der Analyten und internen Standardsubstanzen sind zusammen mit den dazugehörigen Retentionszeiten unter den aufgeführten Analysenbedingungen in Tabelle 15 dargestellt.

MATERIAL UND METHODEN

Tabelle 15: Retentionszeiten und MRM-Parameter der Analyten und der isotopenmarkierten internen Standardverbindungen. Mit * gekennzeichnete Zerfälle wurden zusätzlich als Qualifier zur Identifizierung verwendet (DP – declustering potential, FP – focussing potential, EP – entrance potential, CE – collision energy).

Analyt	Retentionszeit [min]	Mutter-Ion (Q1)	Tochter-Ion (Q3)	DP [V]	FP [V]	EP [V]	CE [V]
DHBMA	9,6	250	121	-31	-320	-5,0	-24
			75*	-36	-350	-9,5	-30
HOBMA	9,7	248	162	-21	-250	-3,5	-15
			84*	-21	-250	-4,0	-25
CHPMA	12,3	254	218	-31	-340	-4,0	-12
			89*	-31	-340	-4,0	-25
Cl-MA I	12,7	266	162	-26	-320	-3,5	-12
			84*	-26	-330	-4,0	-25
Cl-MA II	13,0	268	232	-26	-350	-10,0	-14
			75*	-26	-320	-10,0	-25
Cl-MA III	13,5	266	137	-21	-330	-10,0	-15
			128*	-21	-250	-10,0	-15
d_7-DHBMA	9,5	257	128	-36	-350	-5,5	-24
d_3-HOBMA	9,7	251	165	-31	-230	-7,0	-24
d_3-CHPMA	12,2	257	221	-34	-300	-9,0	-13
d_3-Cl-MA I	12,7	269	165	-30	-350	-10,5	-11
d_3-Cl-MA III	13,5	269	137	-51	-210	-11,5	-22

3.2.5 Analytische Bestimmung

Von den nach Abschnitt 3.2.3 aufgearbeiteten Proben wurden jeweils 100 µL in das LC-MS/MS-System injiziert. Die Identifizierung der Merkaptursäuren erfolgte anhand der spezifischen Massenzerfälle und der Retentionszeit. Zur zusätzlichen Absicherung der Identität der Verbindung wurde zudem das charakteristische Intensitätsverhältnis von Qualifier zu Quantifier berechnet (vergleiche Tabelle 16).

Tabelle 16: Verhältnis der Peakflächen von Qualifier- zur Quantifier-Massenspur bei den sechs Analyten.

Analyt	Verhältnis Qualifier/Quantifier [%]
DHBMA	20
HOBMA	15
CHPMA	25
Cl-MA I	5
Cl-MA II	15
Cl-MA III	45

3.2.6 Kalibrierung und Berechnung der Analysenergebnisse

Zur Kalibrierung der Methode wurden die unter Abschnitt 3.2.2 beschriebenen Kalibrierlösungen analog zu den Proben aufgearbeitet (vergleiche Abschnitt 3.2.3) und mittels LC-MS/MS (vergleiche Abschnitt 3.2.4) bei einem Injektionsvolumen von 100 µL analysiert. Die Erstellung der Kalibrierfunktion erfolgte, indem die Konzentration der Kalibrierlösung gegen den Quotienten aus der Peakfläche des Analyten und der Peakfläche des jeweiligen isotopenmarkierten internen Standards (IS) aufgetragen wurde[*]. Unter den beschriebenen Analysenbedingungen war die Kalibrierfunktion in Poolurin im betrachteten Konzentrationsbereich von 25 bis 1000 µg/L (Gruppe 1: DHBMA und HOBMA) bzw. von 5 bis 200 µg/L (Gruppe 2: CHPMA, Cl-MA I, Cl-MA II und Cl-MA III) linear mit einem Korrelationskoeffizienten von r ≥ 0,998 für alle Analyten, mit Ausnahme von Cl-MA II. Die Merkaptursäure Cl-MA II erwies sich bei Raumtemperatur als nicht ausreichend stabil in wässrigen Medien (vergleiche Abschnitt 4.2.3).

Abbildung 22 zeigt beispielhaft eine Kalibrierfunktion von Cl-MA III in Poolurin. Die Berechnung des Analytgehaltes in einer Urinprobe erfolgte analog zu den Angaben in Abschnitt 3.1.6.

---

[*] Im Fall der Cl-MA II war kein eigener isotopenmarkierter interner Standard vorhanden, so dass für diesen Analyten als IS d_3-Cl-MA III verwendet wurde.

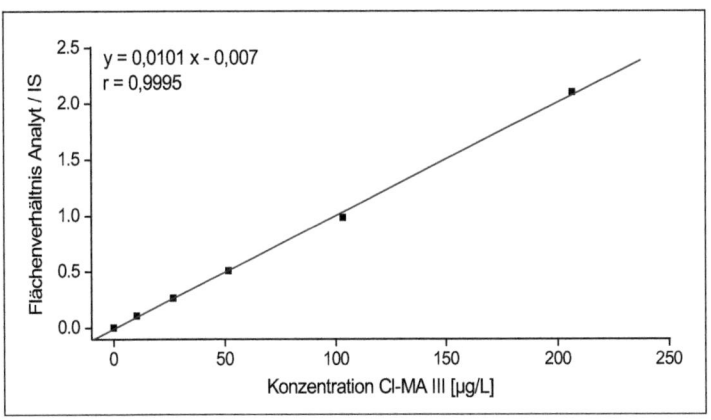

Abbildung 22: Kalibrierfunktion von Cl-MA III in Poolurin im Konzentrationsbereich bis 200 µg/L.

3.2.7 Qualitätssicherung

Zur Qualitätssicherung wurden bei jeder Analysenserie zwei Qualitätskontrollproben mit niedriger (Q_{low}) bzw. hoher Analytkonzentration (Q_{high}) aufgearbeitet und analysiert. Ein solches Referenzmaterial war kommerziell nicht erhältlich und musste selbst hergestellt werden. Dazu wurde ein Nichtraucher-Poolurin (Kreatiningehalt 0,4 g/L) verwendet. Für die Qualitätskontrollprobe mit niedriger Analytkonzentration Q_{low} wurde dieser Poolurin mit je 20 µg/L der Analyten dotiert. Zur Herstellung der Qualitätskontrollprobe mit hoher Analytkonzentration Q_{high} erfolgte eine getrennte Dotierung des Poolurins: 500 µg/L für die Analyten der Gruppe 1 (DHBMA und HOBMA) sowie 100 µg/L für die Analyten der Gruppe 2 (CHPMA, Cl-MA I, Cl-MA II und Cl-MA III). Das hergestellte Kontrollmaterial wurde zu je 2 mL aliquotiert und bis zur Analyse bei -18 °C tiefgefroren. Die Dokumentation der Analysenergebnisse erfolgte über Qualitätskontrollkarten. Sollwert (Mittelwert) und Standardabweichung wurden anhand einer Vorperiode durch Messung beider Qualitätskontrollproben an 10 verschiedenen Tagen ermittelt. Lag der Wert für die Qualitätskontrolle außerhalb des Toleranzbereiches (zweifache Standardabweichung) musste die Analysenserie wiederholt werden.

Der Sollgehalt im Kontrollmaterial Q_{low} wurde bestimmt zu 22,9 µg CHPMA, 23,7 µg Cl-MA I, 21,8 µg Cl-MA III, 67,4 µg DHBMA und 48,4 µg HOBMA je Liter Urin. Im Q_{high}-Material ergab die Sollwertbestimmung folgende Gehalte je Liter Urin: 118 µg CHPMA, 108 µg Cl-MA I, 118 µg Cl-MA III, 568 µg DHBMA und 560 µg HOBMA.[*]

3.3 Validierung der Methoden

3.3.1 Präzision

Zur Ermittlung der Präzision in Serie wurde Poolurin (Kreatiningehalt 0,4 g/L) mit definierten Konzentrationen der untersuchten Merkaptursäuren dotiert, aliquotiert und bei -18 °C tiefgefroren. Der niedrige Kreatiningehalt wurde gewählt, um die Hintergrundgehalte an den Merkaptursäuren, die mit dem Kreatiningehalt korrelieren, möglichst gering zu halten und damit eine Präzisionsermittlung bei niedrigen Analytkonzentrationen zu gewährleisten. Die Bestimmung der Präzision erfolgte bei beiden Methoden anhand von Kontrollproben mit zwei verschiedenen Analytkonzentrationen (Q_{low} und Q_{high}) (siehe Tabelle 17).

Tabelle 17: Schema der Dotierung der Kontrollproben zur Präzisionsermittlung.

	Dotierung [µg Analyt je Liter Urin]	
	Q_{low}	Q_{high}
Hydroxyalkylmerkaptursäuren		
Gruppe 1 (3-HPMA, DHBMA, DHPMA)	entfällt [1]	100
Gruppe 2 (MHBMA, HEMA, 2-HPMA)	10	50
Merkaptursäuren des 2-Chloroprens und Epichlorhydrins		
Gruppe 1 (DHBMA, HOBMA)	20	500
Gruppe 2 (CHPMA, Cl-MA I, Cl-MA II, Cl-MA III)	20	100

[1] Dotierung entfällt, da auch Nichtraucherurin ausreichend hohe Hintergrundgehalte aufweist.

Zur Bestimmung der Präzision in Serie wurden die Proben mehrmals parallel aufgearbeitet und analysiert. Die Bestimmung der Präzision von Tag zu Tag resultierte durch mehrmalige Aufarbeitung und Analyse der Proben an verschiedenen Tagen. Als Maß für die Präzision diente die relative Standardabweichung.

---

[*] Aufgrund der Instabilität von Cl-MA II wurde für diesen Parameter keine Sollwertbestimmung durchgeführt.

3.3.2 Richtigkeit

Die Richtigkeit der Methode beschreibt die Abweichung vom richtigen Wert durch systematische Fehler. Die Ermittlung der Richtigkeit wurde an Individualurinen mit unterschiedlichen Kreatiningehalten geprüft, die mit Standardlösungen dotiert wurden (siehe Tabelle 18). Aufgearbeitet und analysiert wurden jeweils dotierte (U_1) und undotierte (U_2) Urinproben. Die Berechnung der relativen Wiederfindung erfolgte nach folgender Formel:

$$rel.\,Wiederfindung\,[\%] = \frac{Analytgehalt\,U_1\,[\mu g/L] - Analytgehalt\,U_2\,[\mu g/L]}{dotierte\,Analytkonzentration\,[\mu g/L]} \times 100$$

Tabelle 18: Schema der Dotierung der Individualurine zur Ermittlung der Richtigkeit der Methode.

	Anzahl Urinproben	Kreatiningehalt [g/L]	Dotierung [µg Analyt je Liter Urin]
Hydroxyalkyl-MA	7	0,3 – 2,9	
Analytgruppe 1			200
Analytgruppe 2			40
MA Chloropren und Epichlorhydrin	10	0,3 – 1,6	
Analytgruppe 1			100
Analytgruppe 2			100

3.3.3 Aufarbeitungsbedingte Verluste

Die Bestimmung der aufarbeitungsbedingten Verluste erfolgte nur für die Hydroxyalkylmerkaptursäuren, bei denen die Anreicherung der Analyten durch eine Festphasenextraktion erfolgte. Dabei sind Analytverluste unvermeidlich, deren Ursachen unter anderem in einer unvollständige Adsorption bzw. Elution der Analyten sowie in Analytverlusten durch den Waschprozess nach Auftragen der Probenlösung zu sehen sind. Die Analytverluste durch die Festphasenextraktion wurden unter Verwendung von Poolurin ermittelt, der mit je 250 µg der Analyten je Liter Urin dotiert wurde. Parallel dazu wurde undotierter Poolurin aufgearbeitet und erst nach der Festphasenextraktion mit den Analyten dotiert. Aus dem Vergleich der absoluten Peakflächen der Analyten ohne Berücksichtigung der internen Standards ergaben sich die Analytverluste durch die Festphasenextraktion.

3.3.4 Nachweisgrenzen

Die Nachweisgrenze kennzeichnet die kleinste Konzentration eines Analyten, die qualitativ erfasst werden kann. Die Ermittlung erfolgte nach dem DIN-Verfahren 32645 [170]. Dazu wurde für jede der untersuchten Merkaptursäuren eine äquidistante 10-Punkt-Kalibrierung erstellt und zusammen mit einem Leerwert (Poolurin ohne Dotierung) analysiert. Aus der Standardabweichung der erhaltenen Kalibrierfunktion errechnete sich nach DIN 32645 [170] die Nachweisgrenze der Analyten.

3.3.5 Matrixeffekte

Der Matrixeffekt (ME) beschreibt die Auswirkung unterschiedlicher Urinmatrix auf die Signalintensität der Analyten. In der vorliegenden Arbeit wurde dieser nur für die Hydroxyalkylmerkaptursäuren bestimmt. Zur ME-Ermittlung wurden drei Urinproben A, B und C mit unterschiedlichen Kreatiningehalten nach erfolgter Festphasenextraktion mit den Analyten und den internen Standards dotiert und mit zwei dotierten Leerproben (Laufmittel A) verglichen. Die native Analytkonzentration in den untersuchten Urinproben wurde in einer Doppelbestimmung ermittelt und bei der Berechnung berücksichtigt.

Die Dotierung betrug für die Analyten der Gruppe 1 je 250 µg/L und für die Analyten der Gruppe 2 je 50 µg/L. Zur Berechnung des ME diente folgende Formel (U1 – Urinprobe dotiert nach Festphasenextraktion, U2 – Urinprobe ohne Dotierung, LP – Leerprobe, FE – Flächeneinheiten):

$$ME[\%] = \frac{Peakfläche\ U_1\ [FE] - Peakfläche\ U_2\ [FE]}{Peakfläche\ LP\ [FE]} \times 100$$

Ein ME von 100 % drückt aus, dass das Vorhandensein von Matrix keinen Einfluss auf die Signalintensität der Analyten hat. Ein ME < 100 % kennzeichnet eine matrixbedingte Signalunterdrückung und ein ME > 100 % eine matrixbedingte Erhöhung der Signalintensität. Die Zugabe des internen Standards diente der Überprüfung, ob unabhängig von der Probenmatrix ein konstantes Verhältnis von Analyt zu internem Standard vorliegt.

3.4 Bestimmung weiterer Biomarker

3.4.1 Cotinin

Die Bestimmung von Cotinin im Urin basierte auf der Methode von Müller (2003) [171], die mit kleinen Änderungen durchgeführt wurde. Ein 2-mL-Aliquot der Urinprobe wurde mit isotopenmarkierten internem Standard (d_3-Cotinin) und Natronlauge versetzt. Anschließend wurde die Probe mit Dichlormethan extrahiert, zur Trockne gebracht und in 200 µL Dichlormethan/Toluol (50:50, v/v) wieder aufgenommen. Die Bestimmung erfolgte nach kapillargaschromatographischer Trennung mittels massenselektiver Detektion (GC-MS) im EI-Modus. Die Nachweisgrenze des Verfahrens lag bei 0,5 µg Cotinin je Liter Urin.

3.4.2 Kreatinin

Die Bestimmung des Kreatinins im Urin erfolgte photometrisch basierend auf der Jaffé-Reaktion nach der Methode von Larsen (1972) [172].

3.5 Probandenkollektive

3.5.1 Probandenkollektiv 1: Allgemeinbevölkerung

Es wurden Spontanurinproben von 108 Personen der Allgemeinbevölkerung im Zeitraum von Dezember 2008 bis März 2010 gesammelt. Die Probenahme erfolgte durch die betriebsärztliche Dienststelle der Universität Erlangen-Nürnberg. Probanden mit beruflicher Exposition zu alkylierenden Verbindungen wurden nicht in das Kollektiv eingeschlossen. Alle Teilnehmer der Studie waren im Großraum Nürnberg ansässige Beschäftigte der Universität Erlangen-Nürnberg, die im Rahmen der regelmäßigen betriebsärztlichen Untersuchung um ihre Teilnahme gebeten wurden. Nach Aufklärung über den Umfang der Studie und der durchzuführenden Untersuchungen haben die Probanden eine entsprechende Einverständniserklärung unterschrieben. Das im Anschluss mit allen Probanden geführte persönliche Gespräch erfasste Alter, Geschlecht, Wohnlage, Rauchverhalten sowie eine eventuelle Passivrauchbelastung. Jeder Teilnehmer gab eine Urinprobe von mindestens 10 mL ab, die bis zur Analyse bei -18 °C gelagert wurde. Entsprechend den WHO-

Richtlinien [173] wurden Urinproben mit einem Kreatiningehalt von < 0,3 g/L und > 3,0 g/L von der Studie ausgeschlossen.

Tabelle 19: Charakteristik des Studienkollektives (n = 94).

	Anzahl absolut, %	Alter Jahre: Bereich (Median)	Anzahl absolut, %	
			Männer	**Frauen**
Raucher	40 (43 %)	17 – 63 (31)	14 (35 %)	26 (65 %)
Nichtraucher	54 (57 %)	19 – 57 (29)	23 (43 %)	31 (57 %)
davon Passivraucher	12 (13 %)	19 – 57 (28)	6 (50 %)	6 (50 %)
Gesamt	**94 (100 %)**	**17 – 63 (30)**	**37 (39 %)**	**57 (61 %)**

Das endgültige Studienkollektiv bestand somit aus 94 Probanden mit einem Raucheranteil von 43 % (siehe Tabelle 19). Von den nichtrauchenden Probanden gaben 12 an, einer Passivrauchbelastung ausgesetzt zu sein. Aus Tabelle 19 ist ersichtlich, dass sich die Untergruppen Raucher und Nichtraucher hinsichtlich ihrer Alters- und Geschlechtsverteilung recht ähnlich waren.

3.5.2 Probandenkollektiv 2: Allgemeinbevölkerung

Das Probandenkollektiv 2 stellte ein Teilkollektiv des unter Abschnitt 3.5.1 beschriebenen Studienkollektivs dar. Dafür wurden aus dem Probandenkollektiv 1 zufällig 30 Urinproben ausgewählt, die jeweils zur Hälfte von Rauchern und Nichtrauchern stammten (Details siehe Tabelle 20). Eine berufliche Belastung zu alkylierenden Verbindungen wie 1,3-Butadien oder 2-Chloropren lag nicht vor.

Tabelle 20: Charakteristik des Teilkollektives Allgemeinbevölkerung (n = 30).

	Anzahl absolut, %	Alter Jahre: Bereich (Median)	Anzahl absolut, % (der Untergruppe)	
			Männer	**Frauen**
Raucher	15 (50 %)	21 – 63 (31)	5 (33 %)	10 (66 %)
Nichtraucher	15 (50 %)	24 – 44 (28)	9 (60 %)	6 (40 %)
Gesamt	**30 (100 %)**	**21 – 63 (30)**	**14 (47 %)**	**16 (53 %)**

MATERIAL UND METHODEN 73

3.5.3 Probandenkollektiv 3: Beruflich mit 2-Chloropren exponierte Personen

Das Kollektiv umfasste 14 männliche Beschäftigte eines Betriebes in Deutschland, der 2-Chloropren herstellt. Die teilnehmenden Personen waren zwischen 25 und 57 Jahren alt, mit einem Altersmedian von 43 Jahren. Von den Probanden gaben 7 Personen an, Raucher zu sein (Raucherquote 50 %). Jeder Proband hatte im Sommer 2009 eine Spontanurinprobe von mindestens 10 mL abgegeben, die bis zur Analyse bei -18 °C tiefgefroren wurde. Die 14 Probanden wiesen eine potentielle Exposition zu 2-Chloropren, aber nicht zu Butadien auf.

3.6 Statistische Auswertung

Die statistische Auswertung der Ergebnisse erfolgte mit der Statistik-Software SPSS 16.0 und Microsoft Excel 2002. Die deskriptive Statistik wurde für die Analytgehalte sowohl mit der Bezugsgröße µg/L als auch µg/g Kreatinin durchgeführt. Nach Hornung und Reed (1990) [174] wurden Gehalte unterhalb der Nachweisgrenze (NWG) dem Wert NWG/$\sqrt{2}$ gleichgesetzt und in die statistische Auswertung mit einbezogen. Die Berechnung der Korrelationen zwischen verschiedenen Parametern erfolgte mittels univariater Regressionsanalyse und die Ermittlung der Korrelationskoeffizienten nach Pearson. Statistische Unterschiede zwischen zwei Gruppen wurden mittels des Mann-Whitney-U-Tests geprüft. Sowohl für diesen Vergleich als auch für die Regressionsanalyse galt eine Fehlerwahrscheinlichkeit von unter 5 % ($p < 0,05$) als statistisch signifikante Korrelation bzw. statistisch signifikanter Unterschied. Die Regressionsanalyse und die Berechnung statistischer Unterschiede erfolgten ausschließlich anhand der kreatininbezogenen Messwerte. Abweichend davon erfolgte die Berechnung der Korrelation der Analytgehalte mit dem Kreatiningehalt in der Einheit µg/L.

4 ERGEBNISSE UND DISKUSSION

4.1 Analytisches Verfahren zur Bestimmung von Hydroxyalkylmerkaptursäuren im Urin

4.1.1 Methodenentwicklung

Die Entwicklung der analytischen Methode zur Bestimmung von sechs Hydroxyalkylmerkaptursäuren im Urin (vergleiche Abbildung 11) erfolgte in Anlehnung an die Methode von Scherer und Urban (2010) [175] zur Bestimmung von 3-HPMA in Urin. Sie wurde an die aktuelle Problemstellung angepasst, um fünf Analyten erweitert, optimiert und validiert.

4.1.1.1 Probenaufarbeitung

Hydroxyalkylmerkaptursäuren als sehr polare Verbindungen lassen sich nur schwer von der ebenfalls polaren Urinmatrix abtrennen. Das verhindert die simultane online-Anreicherung aller Analyten über eine RAM-Phase, da z. B. DHPMA auf keiner der geprüften Anreicherungssäulen (LiChrospher ADS RP-4, RP-8 und RP-18) in ausreichender Menge zurückgehalten wurde. Für die anderen fünf Merkaptursäuren ist eine online-Anreicherung prinzipiell gut möglich, wobei DHBMA als weitere sehr polare Merkaptursäure auf der RP-18 RAM-Phase nur bei einer starken Verkürzung der Anreicherungszeit auf ≤ 2 min noch in ausreichendem Maße zurückgehalten wurde. Die simultane Anreicherung aller sechs Hydroxyalkylmerkaptursäuren gelang dagegen gut mit den hier verwendeten relativ unselektiven ENV+-Kartuschen. Allerdings wurden an dieser Festphase auch relativ hohe Anteile der polaren Urinmatrix gebunden, was zu z. T. deutlich gefärbten Probenlösungen führte. Ein Waschen der mit den Analyten beladenen Kartuschen verminderte zwar den Matrixanteil, kann aber auch mit starken Analytverlusten einhergehen. Zur Optimierung der Festphasenextraktion wurde die Methanolkonzentration der Waschlösungen variiert und die resultierende Analytausbeute bestimmt. Abbildung 23 zeigt die erhaltene relative Peakfläche der Analyten in Abhängigkeit von der Methanolkonzentration der Waschlösung. Es wird deutlich, dass höhere Methanolgehalte mit steigenden Analytverlusten einhergingen, wobei zwischen den Merkaptursäuren deutliche Unterschiede erkennbar sind. Während MHBMA auch beim Waschen mit einer 20 %igen Methanollösung nur geringe Verluste von etwa 10 % aufwies, zeigten die polareren Merkaptursäuren Verlustraten zwischen 30 % (3-HPMA) und 80 % (DHPMA). Der beste Kompromiss zwischen Wascheffekt und Analytverlust ergab sich bei einem

Methanolgehalt von 5 % (vergleiche Abbildung 23). Damit hielten sich die Analytverluste mit 5 – 20 % in Grenzen, und es wurden dennoch deutlich störungsfreiere Chromatogramme erhalten.

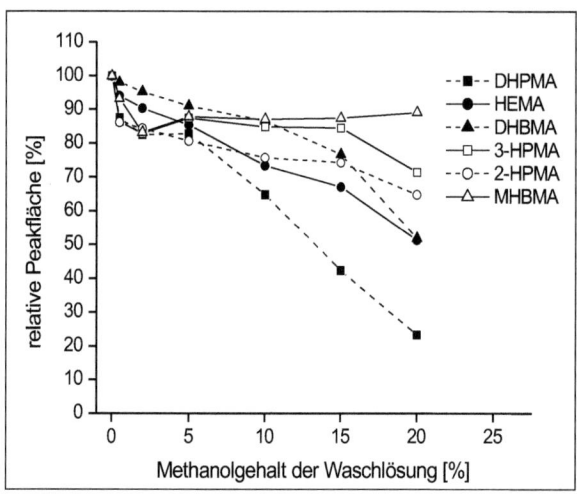

Abbildung 23: Relative Peakfläche der Analyten in Abhängigkeit vom Methanolgehalt der Kartuschen-Waschlösung.

Als weiterer Störfaktor erwies sich der Wassergehalt der Probenlösung, der es notwendig machte, die beladenen Kartuschen vor der Elution ausreichend lange zu trocknen, weil ein erhöhter Wasseranteil in der Probenlösung die nachfolgende chromatographische Trennung erheblich beeinträchtigte. Das betraf insbesondere die Regioisomere 2-HPMA und 3-HPMA, die bei erhöhtem Wasseranteil koeluierten. Da beide Verbindungen den gleichen Massenzerfall aufwiesen, war die Probe in einem solchen Fall für beiden Analyten nicht auswertbar und musste erneut aufgearbeitet werden. Das Trockensaugen der Kartuschen erfolgte durch Anlegen von Vakuum und ließ sich optisch gut verfolgen. Eine ausreichende Trocknung war nach etwa 30 bis 45 min erreicht. Um einen gleichbleibend niedrigen Wasseranteil in der Probenlösung zu gewährleisten, wurden die Probenextrakte nach der Festphasenextraktion zur Trockne gebracht und direkt im Laufmittel aufgenommen.

4.1.1.2 Chromatographische Trennung und Detektion

Für die analytische Trennung der Merkaptursäuren wurden sowohl RP-Säulen (Umkehrphase) als auch HILIC-Säulen (Hydrophile-Interaktions-Chromatographie) geprüft. Letztere führten zu einer deutlich besseren chromatographischen Abtrennung von koeluierenden Matrixbestandteilen. Vorbedingung für diese Analytik war die Überführung der Analyten von der wässrigen Urinmatrix in ein Puffersystem mit bevorzugt hohem Anteil an Acetonitril. Dies konnte durch eine Probenaufarbeitung mittels externer Festphasenextraktion gut bewerkstelligt werden.

Die Retention der Analyten auf der HILIC-Säule war stark abhängig von den chromatographischen Bedingungen. Wesentliche Einflussfaktoren waren der Acetonitrilanteil in der mobilen Phase, Pufferart und -konzentration sowie der pH-Wert. Literaturangaben zufolge führte eine Gradientenelution auf HILIC-Säulen häufig zu Verschiebungen der Retentionszeit und somit zu Problemen mit der Reproduzierbarkeit der Methode [176,177]. Deshalb wurde für die Elution der Analyten ein isokratisches Fließmittelsystem entwickelt und optimiert. Nach jeder Analyse wurde die Säule zur Entfernung von Matrixbestandteilen mit erhöhtem Wasseranteil gespült und ausreichend lange equilibriert. Unter diesen Bedingungen wurden, selbst bei sehr unterschiedlichen Urinmatrices, keine störenden Retentionszeitverschiebungen der Analyten beobachtet.

In Abbildung 24 und Abbildung 25 sind beispielhaft die Chromatogramme eines undotierten Raucherurins dargestellt.

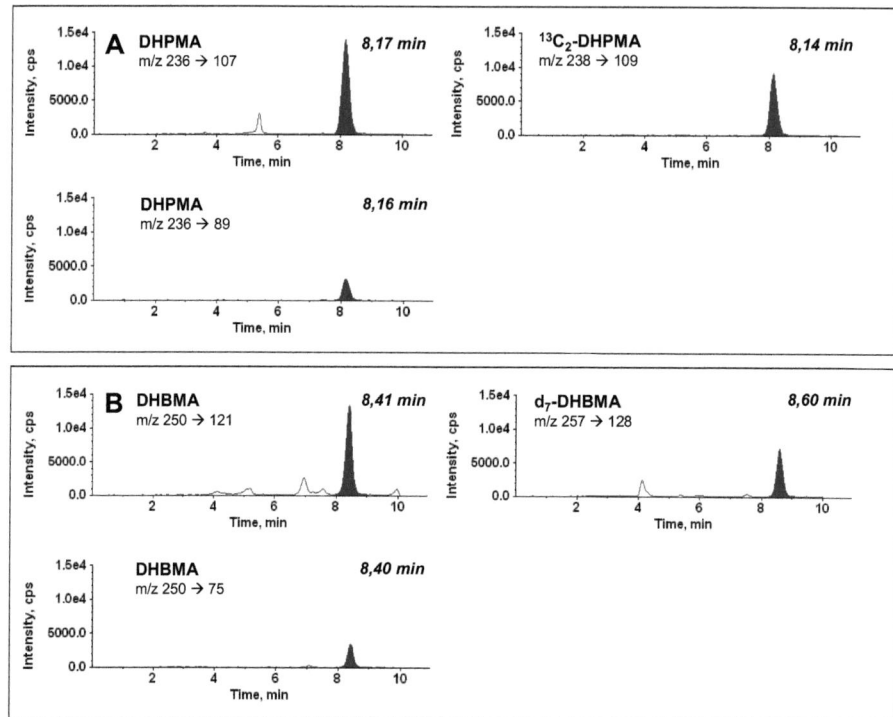

Abbildung 24: Chromatogramm einer aufgearbeiteten Raucherurinprobe (Kreatiningehalt: 1,55 g/L) mit einer Konzentration von 322 µg/L DHPMA (A) und 313 µg/L DHBMA (B).

ERGEBNISSE UND DISKUSSION

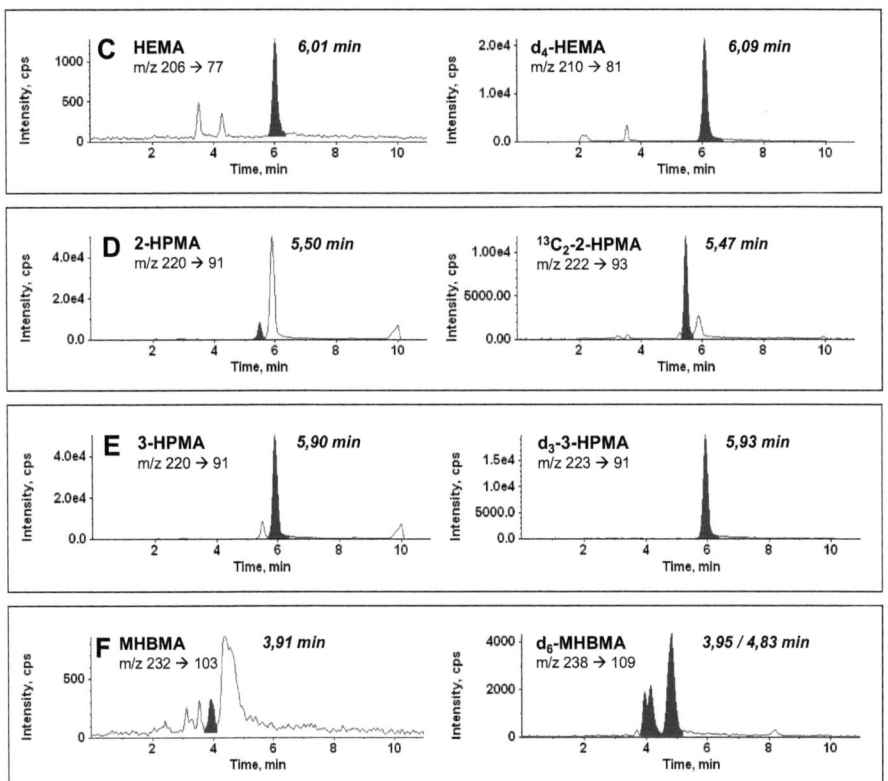

Abbildung 25: Chromatogramm einer aufgearbeiteten Raucherurinprobe (Kreatiningehalt: 1,55 g/L) mit einer Konzentration von 17,2 µg/L HEMA (C), 57,2 µg/L 2-HPMA (D), 742 µg/L 3-HPMA (E) und 7,6 µg/L MHBMA (F).

Es wird deutlich, dass neben den Analytverbindungen zumeist nur wenige Matrixbestandteile eluierten, so dass für alle Substanzen eine klare Peakzuordnung möglich war. Eine Ausnahme stellte MHBMA dar (Abbildung 25, Teil F), hier eluierten einige weitere Substanzen im gleichen Retentionsbereich. Zudem war MHBMA auch im Raucherurin nur in geringen Konzentrationen vorhanden. Eine Peakzuordnung war deshalb nur über eine genaue Kontrolle der Retentionszeit möglich. Der käuflich erwerbliche MHBMA-Standard sowie der interne Standard d_6-MHBMA waren Isomerengemische. Deshalb eluierte d_6-MHBMA in Abbildung 25 (Teil F) in mehreren Peaks.

Die Wirksamkeit der Trennung lässt sich an den beiden Regioisomeren 2-HPMA und 3-HPMA demonstrieren. Diese unterscheiden sich lediglich in der Stellung einer Hydroxylgruppe und wiesen den gleichen Massenzerfall auf (m/z 220 → 91). Dennoch waren die Peaks der beiden Substanzen nahezu basisliniengetrennt und ließen sich gut einzeln auswerten (vergleiche Abbildung 25, Teil D und E).

4.1.2 Beurteilung des Verfahrens - Methodenvalidierung

4.1.2.1 Präzision

Die Ergebnisse der Präzisionsbestimmung (vergleiche Abschnitt 3.3.1) sind in Tabelle 21 zusammengestellt. Von der Dotierung abweichende Konzentrationen der Merkaptursäuren waren Folge von Hintergrundgehalten im Poolurin.

Tabelle 21: Präzision in Serie (n = 7) und Präzision von Tag zu Tag (n = 7) bei zwei verschiedenen Analytkonzentrationen (Q_{low} und Q_{high}).

Analyt	Mittelwert Q_{low} [µg/L]	Mittelwert Q_{high} [µg/L]	Relative Standardabweichung [%]			
			Präzision in Serie (n = 7)		Präzision von Tag zu Tag (n = 7)	
			Q_{low}	Q_{high}	Q_{low}	Q_{high}
Gruppe 1		+ 100 µg/L				
3-HPMA	18,6	124,5	4,3	3,4	8,5	5,5
DHPMA	49,7	163,2	6,5	4,9	5,9	3,5
DHBMA	35,9	135,1	6,4	7,0	9,7	5,9
Gruppe 2	+ 10 µg/L	+ 50 µg/L				
MHBMA	10,0	61,6	7,7	4,9	9,6	4,3
2-HPMA	15,0	61,7	8,0	1,9	6,6	8,2
HEMA	9,7	50,2	6,8	2,9	4,6	4,3

Die aufgeführten Werte zeigen, dass die ermittelten Standardabweichungen sowohl für die Präzision in Serie als auch für die Präzision von Tag zu Tag stets unter 10 % lagen. Erwartungsgemäß wurden bei höheren Analytkonzentrationen tendenziell geringere relative Standardabweichungen ermittelt. Insgesamt ist die Präzision der Methode als gut einzustufen.

4.1.2.2 Richtigkeit

In Tabelle 22 sind die Ergebnisse der relativen Wiederfindung der Analyten (vergleiche Abschnitt 3.3.2) als Mittel der Bestimmung in sieben Individualurinen dargestellt.

Für die sechs Merkaptursäuren lagen die mittleren relativen Wiederfindungsraten zwischen 94 und 111 %. Das zeigt, dass auch bei stark schwankender Matrixbelastung (Kreatiningehalt der Proben: 0,3 bis 2,9 g je Liter Urin) die mittlere relative Wiederfindung aller Analyten bei etwa 100 % liegt.

Tabelle 22: Relative Wiederfindungsraten bei Dotierung von sieben Individualurinen.

Analyt	Mittel der relativen Wiederfindung [%]	Bereich der relativen Wiederfindung [%]
3-HPMA	101,0	91,5 – 114,1
DHPMA	108,7	96,8 – 125,0
DHBMA	99,9	88,8 – 128,5
MHBMA	110,5	93,3 – 129,5
2-HPMA	109,4	99,4 – 121,0
HEMA	93,8	87,1 – 103,5

4.1.2.3 Aufarbeitungsbedingte Verluste

Die Bestimmung der absoluten Analytverluste durch die Festphasenextraktion (vergleiche Abschnitt 3.3.3) erfolgte unter Anwendung der optimierten Bedingungen (Verwendung einer Waschlösung mit 5 % Methanol). Die Ergebnisse zeigt Tabelle 23.

Tabelle 23: Aufarbeitungsbedingte Verluste der Analyten durch die Festphasenextraktion (n = 3).

Analyt	Aufarbeitungsbedingte Verluste [%]
3-HPMA	32,3
DHPMA	35,8
DHBMA	32,6
MHBMA	18,1
2-HPMA	23,8
HEMA	23,0

Die Festphasenextraktion führte zu Analytverlusten zwischen 18 und 36 %. Das entspricht einer absoluten Wiederfindung von 64 % (DHPMA) bis 82 % (MHBMA). Wie erwartet, korrelierten die aufarbeitungsbedingten Verluste mit der Polarität der Verbindung. Die beiden sehr polaren Dihydroxyalkylmerkaptursäuren DHPMA und DHBMA zeigten mit 35,8 % bzw. 32,6 % die höchsten und die am wenigsten polare MHBMA mit 18,1 % die geringsten Verluste.

4.1.2.4 Nachweisgrenzen

Zur Bestimmung der Nachweisgrenzen (vergleiche Abschnitt 3.3.4) wurde für jeden Analyten eine Kalibrierfunktion im Konzentrationsbereich von 10 bis 110 µg/L erstellt. Zusätzlich wurde undotierter Poolurin als Leerwert mit aufgearbeitet und analysiert. Abbildung 26 zeigt exemplarisch die Kalibrierfunktion von 2-HPMA zur Ermittlung der Nachweisgrenze nach dem DIN-Verfahren 32645 [170].

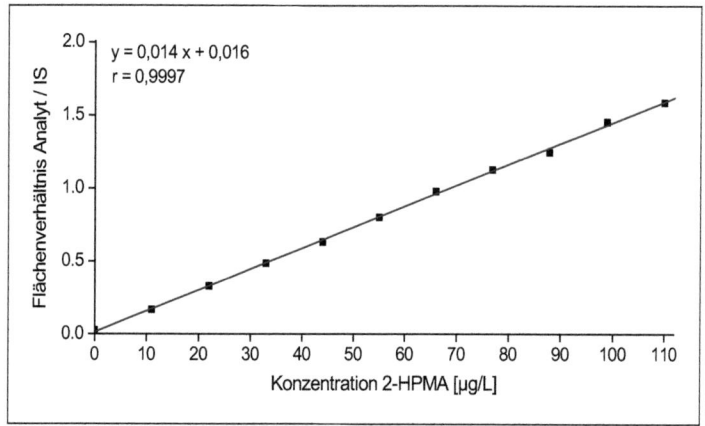

Abbildung 26: Kalibrierfunktion von 2-HPMA in Poolurin zur Bestimmung der Nachweisgrenze nach DIN 32645 [170].

Die Nachweisgrenzen lagen für alle Analyten im einstelligen µg/L-Bereich und waren größtenteils ausreichend um belastbare Aussagen über die Hintergrundgehalte der sechs Merkaptursäuren im Urin der Allgemeinbevölkerung zu treffen (vergleiche Abschnitt 4.4). Die erhaltenen Nachweisgrenzen der sechs Analyten sind in Tabelle 24 aufgeführt.

ERGEBNISSE UND DISKUSSION 83

Tabelle 24: Nachweisgrenzen der untersuchten Merkaptursäuren nach DIN 32645 [170].

Analyt	Nachweisgrenze [µg/L]
3-HPMA	3,0
DHPMA	5,5
DHBMA	4,2
MHBMA	5,0
2-HPMA	2,4
HEMA	3,6

4.1.2.5 Matrixeffekte

Zur Ermittlung des Matrixeffektes (ME, vergleiche Abschnitt 3.3.5) wurden drei Urinproben A, B und C mit Kreatiningehalten von 0,3 g/L (Urin A), 0,7 g/L (Urin B) und 1,6 g/L (Urin C) eingesetzt. Die Ergebnisse zeigt Tabelle 25. Ein ME von 100 % drückt aus, dass die vorhandene Matrix keinen Einfluss auf die Signalintensitäten der Analyten hat. Ein ME < 100 % kennzeichnet eine matrixbedingte Signalunterdrückung und ein ME > 100 % eine matrixbedingte Erhöhung der Signalintensität. Durch Zugabe des internen Standards wurde überprüft, ob unabhängig von der Probenmatrix ein konstantes Verhältnis von Analyt zu internem Standard vorlag.

Tabelle 25: Matrixeffekte der Analyten und Verhältnis der Peakfläche des Analyten zur Peakfläche des internen Standards bei drei verschiedenen Urinproben.

Analyt	Matrixeffekt [%]			Verhältnis (Peakfläche Analyt) / (Peakfläche interner Standard)			
	Urin A	Urin B	Urin C	Leerprobe	Urin A	Urin B	Urin C
3-HPMA	380	368	352	1,04	1,06	1,03	1,03
DHPMA	270	284	254	1,06	1,04	1,00	0,92
DHBMA	325	468	433	1,42	1,51	1,32	1,21
MHBMA	211	159	167	0,38	0,31	0,44	0,37
2-HPMA	273	266	252	0,68	0,64	0,66	0,68
HEMA	300	299	248	0,15	0,15	0,15	0,15

Der ermittelte Matrixeffekt lag bei allen untersuchten Merkaptursäuren weit oberhalb von 100 % und kennzeichnet das Vorliegen einer matrixbedingten Signalverstärkung. Der Matrixeffekt schwankt je nach Analyt und reichte im Mittel von 180 % für MHBMA bis zu rund 400 % für DHBMA. Zwischen den drei Urinmatrices A, B und C waren dabei keine deutlichen Unterschiede zu erkennen. Zwar zeigte der am höchsten matrixbelastete Urin C tendenziell einen etwas geringeren ME, aber insgesamt gesehen schien die Matrixmenge (Kreatiningehalt) offensichtlich keinen großen Einfluss auf die Höhe des ME zu haben. Die Ursache für diesen signalverstärkenden Effekt ist unklar und bedarf weiterer Untersuchungen, zumal sich wider Erwarten in synthetischem Urin (wässrige Lösung von Salzen und Kreatinin) keine Verstärkung des Analytsignals beobachten ließ.

Das Verhältnis von Analyt zu internem Standard (Tabelle 25, rechte Spalte) wurde nach Abzug der Analythintergrundgehalte im Urin ermittelt und war in allen Matrices für den jeweiligen Analyten recht konstant und zeigt, dass der Matrixeffekt keinen Einfluss auf die Richtigkeit der Methode, sondern nur auf deren Empfindlichkeit hatte.

4.1.3 Diskussion der Methode

Mit dem hier beschriebenen analytischen Verfahren wurde eine simultane Bestimmung der folgenden sechs Hydroxyalkylmerkaptursäuren im Urin ermöglicht: 2,3-Dihydroxypropylmerkaptursäure (DHPMA), 2-Hydroxypropylmerkaptursäure (2-HPMA), 3-Hydroxypropylmerkaptursäure (3-HPMA), 2-Hydroxyethylmerkaptursäure (HEMA), 3,4-Dihydroxybutylmerkaptursäure (DHBMA) und Monohydroxy-3-butenylmerkaptursäure (MHBMA) (vergleiche Abbildung 11).

Zur Trennung der sechs Analyten kam das vergleichsweise neuartige Trennprinzips der Hydrophilen Interaktions-Flüssigkeitschromatographie (HILIC) zum Einsatz, das speziell für die Trennung sehr polarer Verbindungen entwickelt wurde und zunehmend für bioanalytische Fragestellungen eingesetzt wird [176-183]. Bei HILIC-Anwendungen besteht die mobile Phase üblicherweise aus einer Mischung von Acetonitril und wässrigem Puffer, wobei der Acetonitril-Anteil zwischen 70 und 90 % liegt [181]. Der hohe organische Anteil im Fließmittel soll sich positiv auf die Sensitivität der ESI-MS-Detektion auswirken [181,184]. Durch die Verwendung einer kurzen Säule (100 mm) mit geringem Innendurchmesser (2,1 mm) und kleinen Partikelgrößen (2,2 µm) war die chromatographische Trennung aller Analyten bereits nach weniger als 9 min abgeschlossen. Einschließlich Spülvorgang und Equilibrierung der Säule dauerte ein Analysengang insgesamt nur 23 min.

Es erwies sich als notwendig, für jeden Analyten einen eigenen isotopenmarkierten internen Standard mitzuführen, der im Vergleich zum Analyten nahezu identische physikalische und chemische Eigenschaften aufweist. Das belegen auch entsprechende Experimente, die zeigten, dass für 2-HPMA mit dem internen Standard d$_3$-3-HPMA unbefriedigende Wiederfindungsraten von nur etwa 60 % mit hohen Schwankungsbreiten erhalten wurden, obwohl sich die beiden Regioisomere (2-HPMA und 3-HPMA) nur in der Stellung einer Hydroxylgruppe unterscheiden. Erklärbar wird dieser Effekt durch die etwas unterschiedliche Retentionszeit der beiden Analyten, wodurch jeweils verschiedene Matrixbestandteile mit den Analyten koeluieren. Dieses Problem konnte durch den Einsatz eines strukturidentischen, isotopenmarkierten Standards für 2-HPMA ($^{13}C_2$-2-HPMA) behoben werden. Da nicht käuflich verfügbar, wurde der IS in Auftragssynthese hergestellt. Mit diesem IS wurden für 2-HPMA relative Wiederfindungsraten um die 100 % erzielt (vergleiche Abschnitt 4.1.2.2).

Es ist in diesem Zusammenhang darauf hinzuweisen, dass die internen Standards $^{13}C_2$-2-HPMA und $^{13}C_2$-DHPMA eine geringe, aber erkennbare Interferenz mit den Massenspuren der dazugehörigen Analyten aufwiesen. Ein hoher Analytgehalt in der Probe erhöhte somit merklich auch die Peakfläche des internen Standards und führte zum Abflachen der Kalibriergerade bei hohen Konzentrationen. Um diesen Effekt zu minimieren, sollte der interne Standard in ausreichend hoher Konzentration zugesetzt und Proben mit sehr hohen Analytgehalten (> 1000 µg/L DHPMA bzw. > 200 µg/L 2-HPMA) nochmals verdünnt aufgearbeitet werden. Das Problem ist spezifisch für Massenunterschiede von Analyt zu internem Standard von ≤ 2 und tritt bei Massenunterschieden ≥ 3 nicht auf.

Die Ionisierungsausbeute der Analyten im Massenspektrometer wurde deutlich von der jeweiligen Probenmatrix beeinflusst. Offensichtlich gab es hierbei zwei entgegengerichtete Einflüsse. Einerseits war eine gewisse Matrixbelastung mit einer Signalverstärkung verbunden, was durch die ermittelten Matrixeffekte von über 100 % verdeutlicht wird (vergleiche Abschnitt 3.3.5). Andererseits führten hohe Matrixbelastungen zu deutlich verfärbten Probenextrakten verbunden mit einem erhöhten Grundrauschen in den Chromatogrammen, wodurch sich die Signalverstärkung etwas reduzierte. Die Ursachen der beobachteten Verstärkung der Analytsignale in Urinmatrix sind nicht bekannt. Diese Matrixeffekte wurden durch den Einsatz isotopenmarkierter interner Standardsubstanzen effektiv ausgeglichen.

Insgesamt zeichnete sich die Methode durch eine hohe Präzision und gute relative Wiederfindungsraten auch bei stark variierender Matrix aus. Da auch die Nachweisgrenzen der Analyten ausreichend waren, um für die Mehrzahl der untersuchten Merkaptursäuren die Hintergrundgehalte in der Allgemeinbevölkerung zu erfassen, eignet sich die Methode gut für den routinemäßigen Einsatz in Bevölkerungsstudien (siehe Abschnitt 4.4).

4.2 Analytisches Verfahren zur Bestimmung der Merkaptursäuren des 2-Chloroprens und des Epichlorhydrins

4.2.1 Methodenentwicklung

Die Entwicklung des analytischen Verfahrens erfolgte in Anlehnung an die Methode von Gonzalez-Reche et al. (2003) [185] zur Bestimmung der Merkaptursäuren des Xylols. Sie wurde an die Bestimmung der Merkaptursäuren des 2-Chloroprens und Epichlorhydrins (vergleiche Abbildung 19) angepasst, optimiert und anschließend validiert.

4.2.1.1 Probenaufarbeitung

Die vorgestellten Merkaptursäuren ließen sich, ebenso wie bei den bereits beschriebenen Hydroxyalkylmerkaptursäuren (vergleiche Abschnitt 4.1), ohne größere Schwierigkeiten über eine Festphasenextraktion an ENV+-Kartuschen anreichern. Aufgrund der etwas geringeren Polarität der chlorhaltigen Merkaptursäuren wurde neben der externen Probenaufarbeitung über eine Festphasenextraktion auch die Möglichkeit der Analytanreicherung über eine RAM-Phase geprüft. Dazu wurden verschiedene Anreicherungssäulen mit unterschiedlichen Kettenlängen der stationären Phase getestet (LiChrospher ADS RP-18, RP-8, RP-4). Die chlorhaltigen Merkaptursäuren Cl-MA I, Cl-MA II, Cl-MA III und CHPMA wurden von allen untersuchten RAM-Phasen gut zurückgehalten. Für die Merkaptursäuren HOBMA und DHBMA, die aufgrund ihrer höheren Polarität eine geringere Affinität zur stationären Phase zeigten, gelang dies nur auf der RP-18-RAM-Säule. Selbst wenn die Probenlösung im rein wässrigen Milieu aufgegeben wurde, waren die Verluste an HOBMA und DHBMA in der Anreicherungsphase noch recht hoch. Als Kompromiss zwischen möglichst effektiver Matrixabtrennung und möglichst geringen Verlusten an HOBMA und DHBMA wurde die Anreicherungszeit auf der RAM-Phase auf 1,5 min begrenzt.

4.2.1.2 Chromatographische Trennung und Detektion

Die analytische Trennung der Merkaptursäuren wurde an RP-Säulen sowie an verschiedenen HILIC-Säulen geprüft. Da die Trennung auf einer HILIC-Säule das Vorliegen der Analyten in einer Lösung mit hohem organischen Anteil erforderte, war eine Kombination der Anreicherung über einer RP-RAM-Phase mit wässrigem Eluat und anschließender HILIC-Trennung nicht möglich. Deshalb wurden nur die folgenden beiden Kombinationen geprüft:

a) Festphasenextraktion über ENV+-Kartuschen mit anschließender Trennung auf einer HILIC-Säule

b) Online-RAM-Anreicherung mit analytischer Trennung auf einer RP-Säule

Die Trennung der chlorhaltigen Merkaptursäuren auf verschiedenen HILIC-Säulen erbrachte keine zufrieden stellenden Ergebnisse. Die geringere Polarität dieser Verbindungen führte zu einer frühen Elution auf der HILIC-Säule, wodurch sowohl die Analyttrennung als auch die Abtrennung koeluierender Matrixbestandteile beeinträchtigt wurde. Dagegen ermöglichte die Verwendung einer RP-Säule eine gute Trennung der chlorhaltigen Merkaptursäuren bei recht früher Elution von DHBMA und HOBMA. Durch die Kombination mit der Online-Anreicherung und der guten Eignung zur Gradientenelution erwies sich die analytische Trennung auf der RP-Säule letztlich als vorteilhaft. Für eine zunächst geplante Aufnahme eines weiteren Analyten, der Monohydroxybutenylmerkaptursäure (MHBMA) in das Biomonitoringverfahren, erwies sich die Methode als ungeeignet, da der MHBMA-Peak auf den geprüften RP-Säulen stets von einem störenden Matrixpeak überlagert war.

Für die hier untersuchten Analyten galt, dass die Signalintensitäten im Massenspektrometer umso höher ausfielen, desto niedriger die Säurekonzentration im Laufmittel war. Eine gewisse Säurekonzentration war jedoch notwendig um die Analyten in der protonierten Form zu halten, und somit eine analytische Trennung überhaupt zu ermöglichen. Hinzu kam, dass bei zu hohem pH-Wert des Laufmittels bei den chlorhaltigen Merkaptursäuren CHPMA, Cl-MA I, Cl-MA II und Cl-MA III Verschiebungen in der Retentionszeit von bis zu 1 min auftraten. Da aber die Signalstärke von DHBMA und HOBMA bei sinkendem pH-Wert sehr stark abnahm, wurde in die Methode ein Säuregradient integriert. Die Trennung und Detektion von DHBMA und HOBMA erfolgte zunächst mit 0,02 % Ameisensäure im Fließmittel und stieg anschließend für die Trennung der chlorhaltigen Analyten auf 0,08 % Ameisensäure an. Dies garantierte eine ausreichend hohe Empfindlichkeit für die sehr polaren Merkaptursäuren sowie eine stabile Retention von CHPMA, Cl-MA I, Cl-MA II und Cl-MA III.

Abbildung 27 und Abbildung 28 zeigen beispielhaft die Chromatogramme einer mit Standardlösungen dotierten Urinprobe unter den optimierten Bedingungen.

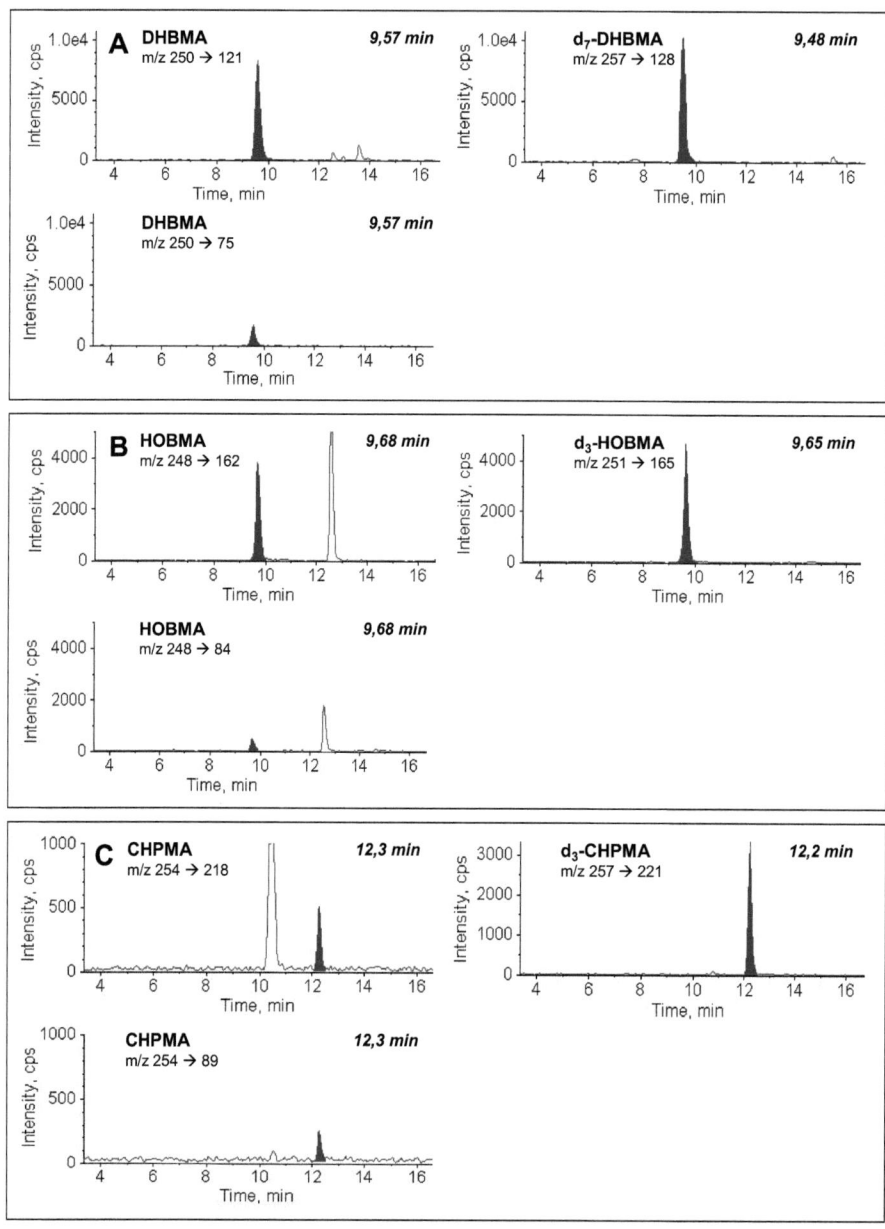

Abbildung 27: LC-MS/MS-Chromatogramme eines mit Standardlösungen dotierten Nichtraucherurins mit 180 µg/L DHBMA (A), 183 µg/L HOBMA (B) und 26,5 µg/L CHPMA (C).

ERGEBNISSE UND DISKUSSION

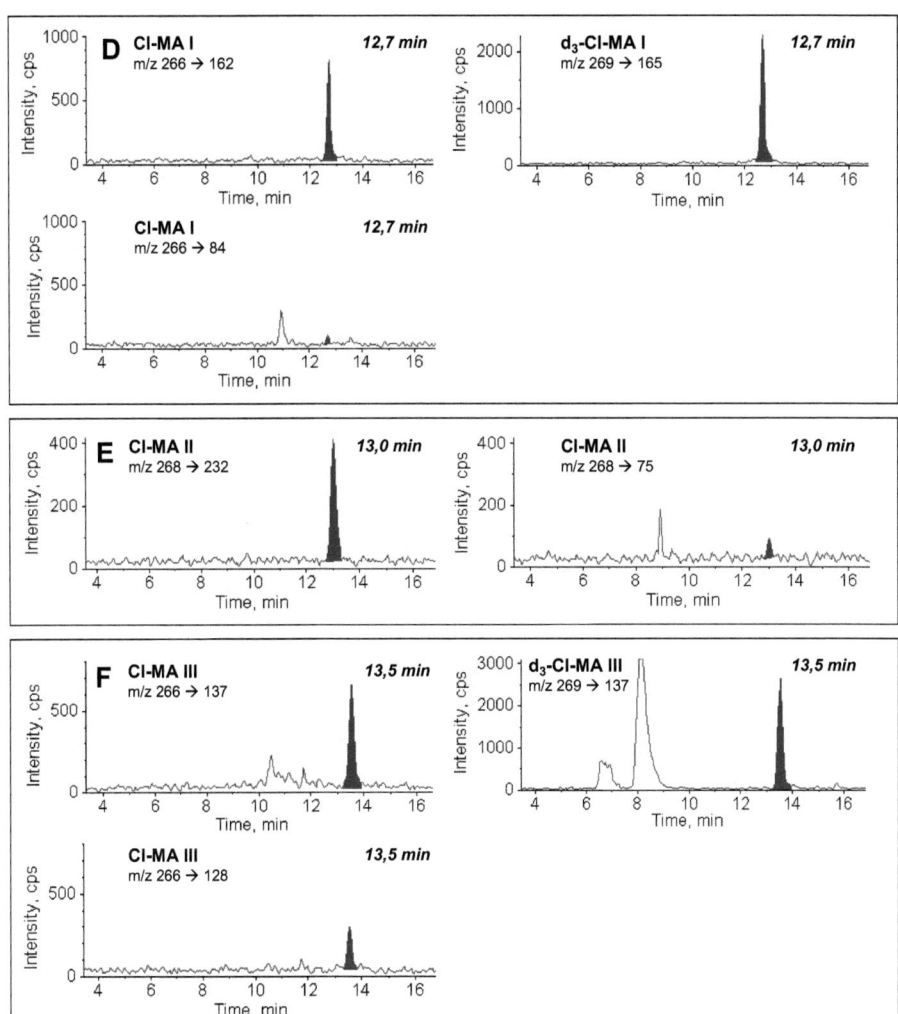

Abbildung 28: LC-MS/MS-Chromatogramme eines mit Standardlösungen dotierten Nichtraucherurins mit 30,4 µg/L Cl-MA I (D), 50,7 µg/L Cl-MA II (E) und 23,6 µg/L Cl-MA III (F).

Es ist zu erkennen, dass alle Analyten eine schmale und annähernd symmetrische Peakform aufwiesen. Die Chromatogramme von DHBMA, HOBMA und CHPMA (vergleiche Abbildung 27) zeigten neben den jeweilgen Analyten auch Matrixpeaks mit vergleichsweise hoher Intensität. Diese eluierten allerdings in einem anderen Retentionsbereich, so dass für die untersuchten

Merkaptursäuren eine eindeutige Peakzuordnung möglich war. Die Chromatogramme von Cl-MA I und Cl-MA II (vergleiche Abbildung 28, Teil D und E) waren dagegen weitgehend störungsfrei, obwohl diese Verbindungen, verglichen mit HOBMA und DHBMA, in einem deutlich geringeren Konzentrationsbereich vorlagen. Dagegen zeigte das Chromatogramm von Cl-MA III (vergleiche Abbildung 28, Teil F) mehrere Matrixpeaks. Auffällig war dies vor allem beim internen Standard d_3-Cl-MA III. Hier eluierten viele Matrixbestandteile im Retentionsbereich von 6 bis 10 min. Da der Analyt aber erst nach 13,5 min eluiert, war auch in diesem Fall eine sichere Peakzuordnung gewährleistet.

4.2.2 Beurteilung des Verfahrens - Methodenvalidierung

Aufgrund der Instabilität von Cl-MA II (vergleiche Abschnitt 4.2.3) wurden für diese Merkaptursäure keine Validierungsdaten erhoben.

4.2.2.1 Präzision

Die Ergebnisse dieser Untersuchung (vergleiche Abschnitt 3.3.1) sind in Tabelle 26 zusammengestellt. Von der Dotierung abweichende Konzentrationen der Merkaptursäuren wurden durch Hintergrundgehalte im Poolurin verursacht.

Tabelle 26: Präzision in Serie (n = 10) und Präzision von Tag zu Tag (n = 7) bei zwei verschiedenen Analytkonzentrationen (Q_{low} und Q_{high}).

Analyt	Mittelwert Q_{low} [µg/L]	Mittelwert Q_{high} [µg/L]	Relative Standardabweichung [%]			
			Präzision in Serie (n = 10)		Präzision von Tag zu Tag (n = 7)	
			Q_{low}	Q_{high}	Q_{low}	Q_{high}
Gruppe 1	+ 20 µg/L	+ 500 µg/L				
DHBMA	71,5	562	6,5	6,2	11,0	7,3
HOBMA	47,5	535	10,4	4,7	8,1	8,9
Gruppe 2	+ 20 µg/L	+ 100 µg/L				
CHPMA	23,3	116	10,4	7,2	11,3	8,8
Cl-MA I	24,6	108	8,5	6,8	11,8	9,4
Cl-MA III	20,9	109	7,0	6,7	9,4	7,3

Für die Präzision in Serie schwankten die Werte zwischen 4,7 und 10,4 % und waren damit tendenziell etwas geringer als die Ergebnisse für die Präzision von Tag zu Tag, deren Werte zwischen 7,3 und 11,8 % lagen. Erwartungsgemäß wurden bei höheren Analytkonzentrationen tendenziell geringere relative Standardabweichungen ermittelt. Insgesamt ist die Präzision der Methode, auch bei niedrigen Analytgehalten, als gut einzustufen.

4.2.2.2 Richtigkeit

Tabelle 27 zeigt die Ergebnisse zur Bestimmung der relativen Wiederfindung der Analyten in zehn Individualurinen (vergleiche Abschnitt 3.3.2).

Tabelle 27: Relative Wiederfindungsraten bei Dotierung von zehn Individualurinen.

Analyt	Mittel der relativen Wiederfindung [%]	Bereich der relativen Wiederfindung [%]
DHBMA	98,4	77,3 – 111,3
HOBMA	102,8	83,8 – 123,4
CHPMA	99,5	86,2 – 112,2
Cl-MA I	101,2	84,8 – 119,4
Cl-MA III	98,9	79,8 – 114,4

Für die fünf Merkaptursäuren ergaben sich mittlere relative Wiederfindungsraten zwischen 98 und 103 %, wobei die Schwankungen um den Mittelwert auch bei Verwendung von Individualproben mit unterschiedlicher Matrixbelastung recht gering ausfielen.

4.2.2.3 Nachweisgrenzen

Abbildung 29 zeigt exemplarisch die Kalibrierfunktion von Cl-MA III zur Ermittlung der Nachweisgrenze nach dem DIN-Verfahren 32645 [170] (vergleiche Abschnitt 3.3.4).

Die erhaltenen Nachweisgrenzen der fünf Merkaptursäuren sind in Tabelle 28 aufgeführt.

Tabelle 28: Nachweisgrenzen der untersuchten Merkaptursäuren nach DIN 32645 [170].

Analyt	Nachweisgrenze [µg/L]
DHBMA	3,8
HOBMA	4,2
CHPMA	2,7
Cl-MA I	2,5
Cl-MA III	1,4

Die ermittelten Nachweisgrenzen lagen für alle Analyten im unteren µg/L-Bereich und sprechen somit für die hohe Sensitivität der Methode.

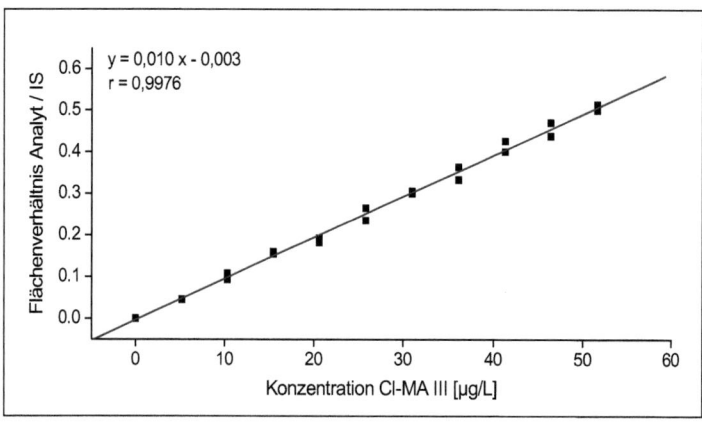

Abbildung 29: Kalibrierfunktion von Cl-MA III in Poolurin zur Bestimmung der Nachweisgrenze nach DIN 32645 [170].

4.2.3 Diskussion der Methode

Das hier beschriebene analytische Verfahren diente der simultanen Bestimmung der primären Merkaptursäure des Epichlorhydrins 3-Chlor-2-hydroxypropyl-MA (CHPMA) sowie von vier potentiellen Merkaptursäuren des 2-Chloroprens im Urin: 4-Chlor-3-oxobutyl-MA (Cl-MA I), 3-Chlor-2-hydroxy-3-butenyl-MA (Cl-MA III), 4-Hydroxy-3-oxobutyl-MA (HOBMA) und 3,4-Dihydroxybutyl-MA (DHBMA) (vergleiche Abbildung 19).

Die Merkaptursäure 4-Chlor-3-hydroxybutyl-MA (Cl-MA II) als weitere potentielle Merkaptursäure des 2-Chloroprens, ließ sich mit der vorliegenden Methode ebenfalls nachweisen, war aber sowohl in wässriger Lösung als auch in Urinmatrix instabil. Abbildung 30 demonstriert diese Instabilität anhand des Verlaufes der ermittelten Cl-MA II-Gehalte in einer mit 50 µg Cl-MA II je Liter Urin dotierten Urinprobe über eine Zeitspanne von 5 h. Innerhalb dieses Zeitraums stand die Urinprobe bei Raumtemperatur im Autosampler und wurde alle 30 min erneut in das LC-MS/MS-System injiziert und analysiert. Die Abbildung zeigt, dass bereits nach 5 h Standzeit nur noch 10 µg Cl-MA II je Liter Urin detektiert wurden, was einer Verlustrate von 80 % entspricht. Auch zum Zeitpunkt t = 0 wurden von den zudotierten 50 µg Cl-MA II je Liter Urin nur 30 bis 35 µg/L wiedergefunden. Dies lässt sich mit der benötigten Probenvorbereitungs- und -aufarbeitungszeit erklären, die offensichtlich schon ausreichte, um messbare Verluste an Cl-MA II zu verursachen. Aufgrund dieser Instabilität ist Cl-MA II in Urinmatrix offensichtlich kein geeigneter Biomarker.

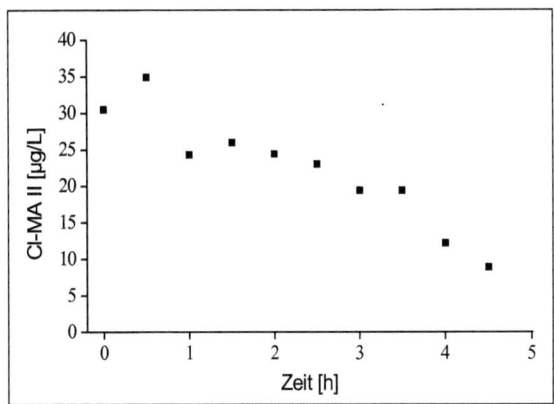

Abbildung 30: Ermittelte Cl-MA II-Gehalte bei wiederholter Messung einer mit 50 µg Cl-MA II je Liter Urin dotierten Urinprobe über einen Zeitraum von 5 h.

Das hier beschriebene Verfahren ist durch eine hohe Präzision und gute relative Wiederfindung auch bei stark variierender Matrix gekennzeichnet. Potentielle Matrixeffekte wurden durch den Einsatz von isotopenmarkierten internen Standardsubstanzen effektiv kompensiert. Die Nachweisgrenzen der Analyten liegen im unteren, einstelligen µg/L-Bereich und waren ausreichend um die Hintergrundgehalte an DHBMA und HOBMA im menschlichen Urin zu ermitteln (siehe Abschnitt 4.5). Positiv anzumerken ist insbesondere der geringere Aufwand für die Probenaufbereitung, da die Analytanreicherung und die chromatographische Trennung online über eine Säulenschaltung erfolgen.

Die hier untersuchten Merkaptursäuren zeigten trotz Strukturähnlichkeit eine unterschiedliche Polarität, die vor allem die Verlustrate an der Anreicherungssäule beeinflusste. Um dennoch eine simultane Bestimmung der Analyten zu ermöglichen, mussten Kompromisse gefunden und optimiert werden. So wurde die Anreicherungszeit auf der RAM-Phase auf 1,5 min begrenzt. Eine längere Anreicherungszeit verbesserte zwar die Matrixabtrennung, erhöhte aber zugleich die Verluste an den beiden sehr polaren Merkaptursäuren DHBMA und HOBMA. Für die chlorhaltigen Analyten kann die Anreicherungszeit auf 3 bis 4 min verlängert werden, sofern nur diese bestimmt werden sollen. Steht hingegen die Bestimmung von DHBMA und HOBMA im Vordergrund, kann eine weitere Verkürzung der Anreicherungszeit auch unter 1,5 min sinnvoll sein.

4.3 Vergleichende Diskussion der Methoden

Die beiden neu entwickelten Methoden ermöglichen die simultane Bestimmung verschiedener Merkaptursäuren als Metabolite wichtiger alkylierender Verbindungen im menschlichen Urin.

Die analytische Methode zur Bestimmung der Merkaptursäuren des 2-Chloroprens und des Epichlorhydrins (vergleiche Abschnitt 4.2) zeichnet sich besonders durch die online-Anreicherung der Proben aus, die weniger zeit- und arbeitsintensiv ist, wodurch ein hoher Probendurchsatz ermöglicht wurde. Nachteilig war aber die geringere Empfindlichkeit für sehr polare Verbindungen. Durch eine starke Verkürzung der Anreicherungszeit auf der RAM-Phase war eine Erfassung der recht polaren Merkaptursäuren DHBMA und HOBMA noch möglich. Eine Erfassung von stärker polaren Merkaptursäuren, wie DHPMA, gelang auf diesem Wege allerdings nicht.

Um eine simultane Bestimmung von DHPMA und weiteren polaren Hydroxyalkylmerkaptursäuren zu ermöglichen, wurde deshalb eine Methode entwickelt, bei der die Anreicherung der Analyten durch eine externe Festphasenextraktion erfolgt. Zur chromatographischen Trennung wurde hier statt der üblichen RP-Säule eine HILIC-Säule verwendet, die speziell für die Trennung sehr polarer Verbindungen entwickelt wurde [176-183]. Im Gegensatz zu RP-Säulen werden polare Verbindungen auf HILIC-Säulen sehr stark zurückgehalten, während unpolare Substanzen kaum Retention zeigen. Dies bewirkt im Vergleich zu RP-Säulen eine deutlich veränderte Retentionsreihenfolge der Analyten sowie eine bessere Abtrennung von Matrixbestandteilen für polare Analyten.

Die entwickelte Methode zur Bestimmung der Hydroxyalkylmerkaptursäuren (vergleiche Abschnitt 3.1) erlaubte eine spezifische und empfindliche Bestimmung sehr polarer

Merkaptursäuren und damit auch die routinemäßige Erfassung der Hintergrundgehalte dieser Biomarker in der Allgemeinbevölkerung (vergleiche Abschnitt 4.4).

Da 2-Chloropren strukturell 1,3-Butadien sehr ähnlich ist, war es zunächst angedacht, neben den vier potentiellen Merkaptursäuren des Chloroprens, auch die beiden bereits etablierten Merkaptursäuren des Butadiens (DHBMA und MHBMA) in einer Methode simultan zu erfassen. Die Aufnahme von MHBMA in die online-SPE-Methode erwies sich allerdings als nicht möglich, da eine sichere Abtrennung von koeluierenden Matrixbestandteilen für MHBMA nur auf der HILIC-Säule, nicht aber auf verschiedenen geprüften RP-Säulen gelang. Andererseits lieferte die Trennung der chlorhaltigen Merkaptursäuren auf verschiedenen HILIC-Säulen keine zufrieden stellenden Ergebnisse. Die gleiche Problematik ergab sich im Fall des Epichlorhydrins, das neben der primären Merkaptursäure CHPMA auch zu DHPMA metabolisiert wird (vergleiche Abschnitt 2.2.2.4). Eine gemeinsame Erfassung beider Analyten in einer der beiden entwickelten Methoden war jedoch nicht zufriedenstellend machbar.

Somit wurden im Rahmen dieser Arbeit zwei unterschiedliche Methoden entwickelt, wobei die unter Abschnitt 3.1 erläuterte Methode speziell auf die Erfassung sehr polarer Merkaptursäuren ausgerichtet ist, während die Methode unter Abschnitt 3.2 eine empfindliche Erfassung etwas weniger polarer Merkaptursäuren (und damit auch der chlorhaltigen Merkaptursäuren) erlaubt.

4.4 Hydroxyalkylmerkaptursäuren im Urin der Allgemeinbevölkerung

Zur Ermittlung der Hintergrundgehalte an den untersuchten Merkaptursäuren im Urin beruflich nicht exponierter Personen wurde das unter Abschnitt 3.5.1 beschriebene Probandenkollektiv 1 (n = 94) herangezogen. Neben dem Gehalt an Hydroxyalkylmerkaptursäuren umfasste die Analyse im Urin auch Cotinin (als Parameter für eine Tabakrauchbelastung) und Kreatinin (als Parameter für die Urinverdünnung).

4.4.1 Ergebnisse

4.4.1.1 Gesamtkollektiv

Kreatinin und Cotinin

Tabelle 29 zeigt die ermittelten Gehalte an Kreatinin und Cotinin in den untersuchten Urinproben.

Tabelle 29: Kreatinin- und Cotiningehalte der untersuchten Urinproben im Gesamtkollektiv sowie verschiedenen Untergruppen.

Untergruppe	Anzahl absolut (%)	Kreatinin [g/L] Bereich (Median)	Cotinin [µg/L] Bereich (Median)	Cotinin [µg/g Kreatinin] Bereich (Median)
Raucher	40 (43 %)	0,3 – 2,8 (1,1)	52,4 – 3572 (1184)	38,8 – 5141 (1105)
Nichtraucher	54 (57 %)	0,3 – 2,9 (1,0)	0,7 – 136 (1,9)	0,6 – 55,4 (2,0)
davon Passivraucher	12 (13 %)	0,5 – 2,9 (1,8)	1,4 – 136 (3,6)	0,7 – 55,4 (3,7)
Männer	37 (39 %)	0,4 – 2,5 (1,1)	0,7 – 2843 (3,3)	0,6 – 3016 (3,6)
Frauen	57 (61 %)	0,3 – 2,9 (0,9)	1,1 – 3572 (5,7)	0,6 – 5141 (8,3)
Gesamt	**94 (100 %)**	**0,3 – 2,9 (1,0)**	**0,7 – 3572 (3,7)**	**0,6 – 5141 (7,5)**

Der Kreatiningehalt der untersuchten Urinproben schwankte im Bereich einer Zehnerpotenz zwischen 0,3 und 2,9 g/L mit einem Median von etwa 1,0 g/L. Zwischen den Untergruppen waren die Unterschiede im Bezug auf den Kreatiningehalt nur marginal. Der höhere Median in der Gruppe der Passivraucher ist vermutlich der geringen Gruppengröße geschuldet. Die Gruppe der Männer wies mit 1,1 g/L erwartungsgemäß einen etwas höheren Kreatiningehalt auf, als die Gruppe der Frauen mit 0,9 g/L. Dieser Unterschied war jedoch statistisch nicht signifikant ($p = 0{,}171$, Mann-Whitney-U-Test).

Für Cotinin zeigt Tabelle 29 die ermittelten Gehalte in den Bezugsgrößen µg/L und µg/g Kreatinin. Letzteres berücksichtigt die Verdünnung der Urinproben und ist als der exaktere Wert anzusehen. Es wird aber deutlich, dass sich die erhaltenen Mediangehalte von Cotinin durch den Kreatininbezug nicht maßgeblich verändern. Die Untergruppe der Frauen wies im Median einen etwas höheren Cotiningehalt auf als die der Männer, was auf den höheren Raucheranteil der Frauen zurückgeführt werden kann. Ungleich deutlicher war die Erhöhung des Cotiningehalts in der Gruppe der Raucher im Vergleich zu den Nichtrauchern, welches die Funktion des Cotinins als Indikator für eine Tabakrauchbelastung verdeutlicht. Die Einteilung in Raucher und Nichtraucher erfolgte nach den Angaben der Probanden im Fragebogen. Abweichend davon wurde ein Proband, der sich selbst als Nichtraucher einstufte, aber einen Cotiningehalt im Urin von 3016 µg/g Kreatinin aufwies, der Rauchergruppe zugeordnet (Einordnung entsprechend Zielinska-Danch et al. (2007) [186]).

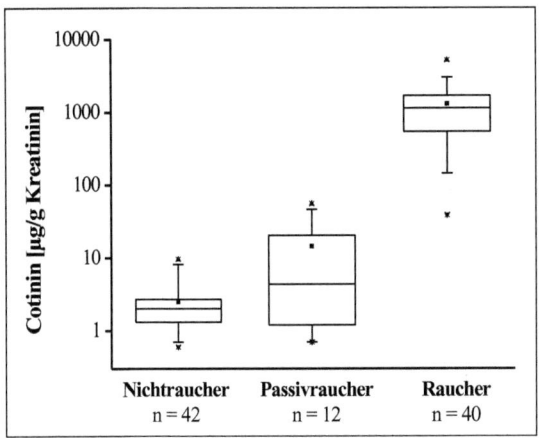

Abbildung 31: Boxplots der Cotiningehalte in µg/g Kreatinin im Urin bei Nichtrauchern, Passivrauchern und Rauchern. (Boxplot: oberer Querstrich = 75. Perzentil, mittlerer Querstrich = 50. Perzentil (Median), unterer Querstrich = 25. Perzentil, senkrechte Linie = 5. bis 95. Perzentil, Viereck = Mittelwert, Dreiecke = Maximal- bzw. Minimalwert).

Abbildung 31 zeigt die Cotiningehalte der Urinproben in µg/g Kreatinin als Boxplots für die Gruppe der Raucher (n = 40), der Nichtraucher ohne maßgebliche Passivrauchexposition (n = 42) sowie der Passivraucher (n = 12). Zu beachten ist die logarithmische Skalierung der Ordinate. Die Abbildung veranschaulicht den erheblichen Anstieg von Cotinin im Urin durch eine Tabakrauchexposition, wobei die hohe Streuung in der Rauchergruppe durch unterschiedliche

Rauchintensitäten erklärbar ist. Diese Tatsache kommt ebenfalls bei den Passivrauchern zum Tragen und verdeutlicht, wie empfindlich die Cotininausscheidung über den Urin auf eine Tabakrauchexposition reagiert. Während die Nichtraucher im Median einen Cotiningehalt im Urin von 1,9 µg/g Kreatinin aufwiesen, war dieser bereits bei den Passivrauchern mit 3,7 µg/g Kreatinin signifikant erhöht und stieg in der Rauchergruppe auf 1105 µg/g Kreatinin an (Signifikanz $p < 0,001$, Mann-Whitney-U-Test). Angesichts dieser drastischen Unterschiede zwischen Rauchern und Nichtrauchern, erscheinen die leicht erhöhten Cotiningehalte der Passivraucher wenig bedeutend, so dass diese im Folgenden zu den Nichtrauchern gestellt werden. Zwischen den drei Gruppen in Abbildung 31 gibt es Überschneidungszonen, die durch das Rauchverhalten bzw. unterschiedliche Passivrauchbelastungen erklärbar sind. Die ausschließliche Einordnung von Probanden in Nichtraucher oder Raucher allein anhand ihres Cotiningehaltes im Urin ist deshalb vor allem im Grenzbereich von 30 bis 100 µg Cotinin/g Kreatinin schwierig. Eine zusätzliche Befragung der Probanden zu ihrem Rauchverhalten erscheint sinnvoll.

Ausscheidung der Hydroxyalkylmerkaptursäuren

Von den sechs untersuchten Merkaptursäuren konnten 3-HPMA, 2-HPMA, DHPMA und DHBMA in allen untersuchten Urinproben nachgewiesen und quantifiziert werden. Dagegen war HEMA nur in 55 % und MHBMA in etwa 10 % aller untersuchten Proben in Konzentrationen oberhalb der Nachweisgrenze zu finden. Um eine bessere statistische Auswertung zu gewährleisten, wurde für die Kollektivauswertung die unter Abschnitt 4.1.2.4 angegebene Nachweisgrenze für HEMA von 3,6 µg/L auf 2,0 µg/L (entspricht einem Signal-Rausch-Verhältnis von 3:1) gesenkt. Dies ist insofern zulässig, als bekannt ist, dass die Berechnung der Nachweisgrenze nach DIN 32645 generell zu etwas höheren Nachweisgrenzen führt als eine Abschätzung über das Grundrauschen.

Tabelle 30 zeigt eine Zusammenstellung der Hydroxyalkylmerkaptursäuregehalte in den Urinproben des Gesamtkollektives in µg/L Urin und in µg/g Kreatinin. Analog zu Cotinin gilt auch hier, dass sich durch den Kreatininbezug die Medianwerte im Vergleich zur Bezugsgröße µg/L nicht wesentlich ändern. Unterschiede finden sich aber bei der Streubreite der Ergebnisse und des 95. Perzentils. Dies trifft vor allem auf die beiden Dihydroxyalkylmerkaptursäuren DHPMA und DHBMA zu, deren Maximalwert bei Anwendung des Kreatininbezugs deutlich niedriger liegt. Da Kreatinin mögliche Verdünnungseffekte ausgleicht, wird dieser als der zuverlässigere Wert angesehen und im Folgenden vorwiegend verwendet.

Tabelle 30: Gehalte an sechs Hydroxyalkylmerkaptursäuren im Urin der Allgemeinbevölkerung (n = 94, NWG = Nachweisgrenze, Min = Minimalwert, Max = Maximalwert).

Analyt	Anteil der Proben > NWG [%]	Min	Max	Median	95. Perzentil
		[µg/L]			
DHPMA	100	50,3	653	210	543
2-HPMA	100	2,9	204	16,6	104
3-HPMA	100	32,6	3795	262	2320
HEMA	55,0	< 2,0	49,4	2,1	14,5
DHBMA	100	33,6	1186	214	478
MHBMA	9,6	< 5,0	12,5	< 5,0	5,6

Analyt	Min	Max	Median	95. Perzentil
	[µg/g Kreatinin]			
DHPMA	114	369	210	286
2-HPMA	3,0	273	16,7	110
3-HPMA	39,3	4423	263	2298
HEMA	0,6	67,7	1,9	11,9
DHBMA	60,2	797	176	400
MHBMA	< 5,0	11,9	< 5,0	5,4

Auffällig ist die hohe Streubreite der Ergebnisse, sowohl innerhalb einer Merkaptursäure als auch zwischen den Analyten. Während DHPMA, DHBMA und 3-HPMA Medianwerte um 200 µg/g Kreatinin aufweisen, liegen die entsprechenden Werte von 2-HPMA, HEMA und MHBMA bei 16,7 µg, 1,9 µg und < 5 µg jeweils je g Kreatinin. Die Ursachen für die großen Streuungen können vielfältig sein. Im Folgenden soll zunächst der Einfluss des Tabakrauchs betrachtet werden.

4.4.1.2 Einfluss des Rauchverhaltens

Als Raucher bekannten sich 43 % des Probandenkollektivs. Da Tabakrauch neben vielen anderen Schadstoffen auch die Alkylantien Acrolein, Butadien, Propylenoxid, Ethylenoxid und Glycidol enthält (vergleiche Abschnitt 2.1.2.3), wurden die Auswirkungen einer Tabakrauchexposition auf die Ausscheidung der Hydroxyalkylmerkaptursäuren mit dem Urin gesondert untersucht. Tabelle 31 zeigt die ermittelten Gehalte an den sechs Hydroxyalkylmerkaptursäuren bei Rauchern und Nichtrauchern.

Tabelle 31: Gehalte an Hydroxyalkylmerkaptursäuren in µg/g Kreatinin für die Gruppe der Raucher und der Nichtraucher (p = Signifikanzlevel des Mann-Whitney-U-Tests, NWG = Nachweisgrenze).

Analyt	p	Nichtraucher [µg/g Kreatinin] n = 54			Raucher [µg/g Kreatinin] n = 40		
		Anteil Proben > NWG [%]	Median	95. Perzentil	Anteil Proben > NWG [%]	Median	95. Perzentil
DHPMA	0,239	100	206	279	100	217	294
2-HPMA	< 0,001	100	12,1	21,7	100	46,2	196
3-HPMA	< 0,001	100	146	595	100	884	3381
HEMA	< 0,001	35,2	1,6	4,7	82,5	4,9	23,9
DHBMA	< 0,001	100	159	329	100	211	417
MHBMA	0,003	0,0	< 5,0	< 5,0	22,5	< 5,0	9,5

Mit Ausnahme von DHPMA führte Rauchen bei allen untersuchten Merkaptursäuren zu einem signifikanten Anstieg der ausgeschiedenen Gehalte im Urin (p < 0,005). DHPMA zeigte zwar ebenfalls einen Anstieg in der Rauchergruppe, der aber statistisch nicht signifikant war (p = 0,239). Vier der sechs Merkaptursäuren fanden sich in jeder untersuchten Urinprobe, während HEMA und MHBMA nur in einem Teil der Proben, aber vor allem im Raucherurin, in Gehalten oberhalb der Nachweisgrenze gefunden werden konnten.

Abbildung 32 veranschaulicht die Ergebnisse anhand von Boxplots. Die Beziehung zwischen Rauchverhalten und erhöhten Merkaptursäuregehalten im Urin war besonders bei den untersuchten Monohydroxyalkylmerkaptursäuren (3-HPMA, 2-HPMA und HEMA) ausgeprägt. Die Mediangehalte dieser Analyten waren im Raucherurin zwei- bis sechsfach höher als im Nichtraucherurin. MHBMA als weitere Monohydroxyalkylmerkaptursäure fand sich nur in 10 % aller Proben und wurde daher aufgrund der geringen Datenbasis nicht in Abbildung 32 aufgenommen. Eine Beeinflussung durch Tabakrauch zeigte sich aber insofern, als sich nachweisbare MHBMA-Gehalte ausschließlich in Raucherurinen fanden.

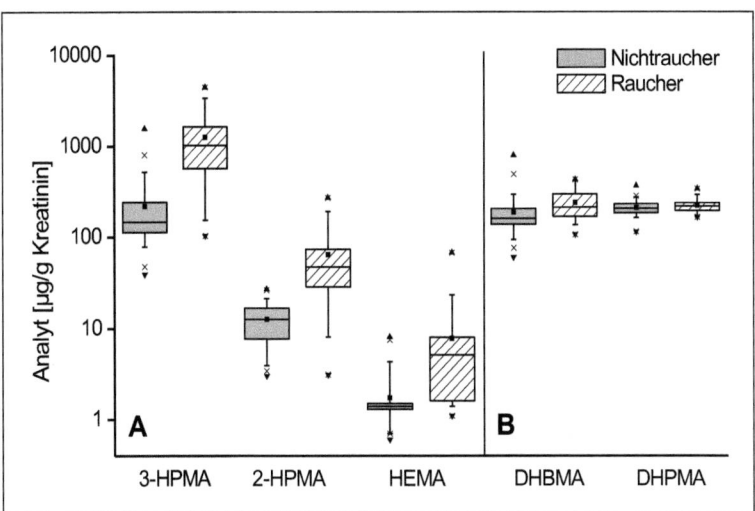

Abbildung 32: Boxplots der Gehalte an den Monohydroxyalkylmerkaptursäuren 3-HPMA, 2-HPMA und HEMA (A) sowie den beiden Dihydroxyalkylmerkaptursäuren DHBMA und DHPMA (B) im Urin von Nichtrauchern und Rauchern (ohne MHBMA) (Boxplot: oberer Querstrich = 75. Perzentil, mittlerer Querstrich = 50. Perzentil (Median), unterer Querstrich = 25. Perzentil, senkrechte Linie = 5. bis 95. Perzentil, Viereck = Mittelwert, Dreieck = Maximal- bzw. Minimalwert).

Bemerkenswert sind die Unterschiede zwischen Mono- und Dihydroxyalkylmerkaptursäuren (vergleiche Abbildung 32 A und B). Das betrifft nicht nur die Analytgehalte bei Rauchern, deren Anstieg bei DHBMA und DHPMA weitaus geringer ausfiel und auch nur bei DHBMA Signifikanz erreichte, sondern auch die auffallend geringeren Schwankungsbreiten. Während die relative Standardabweichung der Analytgehalte im Nichtraucherurin für DHBMA 59 % und für DHPMA sogar nur 20 % betrug, lagen diese für 2-HPMA bei 47 %, für HEMA bei 82 % und für 3-HPMA sogar bei 107 %.

Zwischen den Gehalten der betrachteten Merkaptursäuren und dem Cotiningehalt besteht ein signifikanter und z. T. strenger Zusammenhang, den die folgende Korrelationsanalyse (siehe Tabelle 32) zeigt. Die Stärke des Zusammenhangs war bei den Monohydroxyalkylmerkaptursäuren besonders ausgeprägt ($r = 0{,}35$ bis $0{,}79$). Die Korrelation wird enger, wenn als Bezugsgröße des Cotinins nicht wie üblich das Urinvolumen (µg/L), sondern der Kreatininbezug (µg/g Kreatinin) gewählt wird. In diesem Fall erreicht der Zusammenhang zwischen Cotinin und kreatininbezogener Analytkonzentration bei allen sechs untersuchten Merkaptursäuren Signifikanz. Die engsten

Korrelationen ergaben sich erneut für die Monohydroxyalkylmerkaptursäuren 3-HPMA, 2-HPMA und HEMA (r = 0,47 bis 0,82).

Tabelle 32: Korrelation zwischen Cotinin- und Merkaptursäuregehalt im Gesamtkollektiv (n = 94) (r = Regressionskoeffizient, p = Signifikanzlevel des Mann-Whitney-U-Tests).

Variable	DHPMA	HEMA	2-HPMA	3-HPMA	DHBMA	MHBMA
Cotinin µg/L [a]						
Steigung	0,012	0,004	0,033	0,844	0,047	0,001
r	0,062	0,446	0,644	0,785	0,219	0,350
p	0,555	< 0,001	< 0,001	< 0,001	0,034	< 0,001
Cotinin µg/g Krea [b]						
Steigung	0,011	0,004	0,033	0,763	0,042	0,001
r	0,232	0,469	0,646	0,817	0,369	0,365
p	0,024	< 0,001	< 0,001	< 0,001	< 0,001	< 0,001

[a] Korrelation zwischen Cotiningehalt in µg/L und MA-Gehalt in µg/L (n = 94).
[b] Korrelation zwischen Cotiningehalt in µg/g Kreatinin und MA-Gehalt in µg/g Kreatinin (n = 94).

Der Zusammenhang zwischen dem Cotiningehalt als Maß für die Tabakrauchexposition und den Analytgehalten im Urin war für 3-HPMA, als Metabolit des im Tabakrauch vorkommenden Acroleins, am deutlichsten ausgeprägt. Dies betrifft sowohl den Korrelationskoeffizienten als auch die Steigung der Korrrelationsgeraden (vergleiche Abbildung 33).

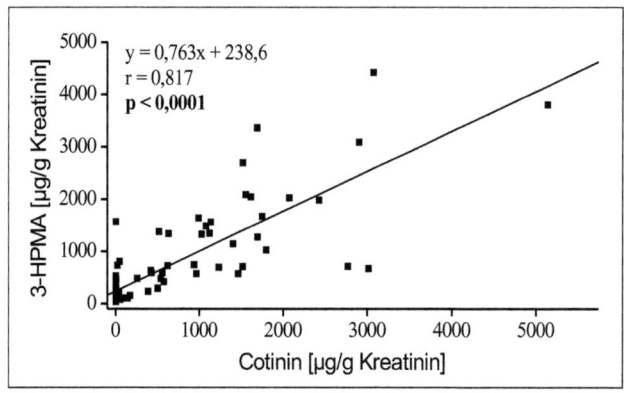

Abbildung 33: Korrelation von 3-HPMA mit dem Cotiningehalt im Urin.

Zwar signifikant, aber weit weniger streng war der Zusammenhang für 2-HPMA und HEMA, obwohl deren Vorläufersubstanzen Propylen- und Ethylenoxid (bzw. Propylen und Ethylen) ebenfalls im Tabakrauch enthalten sind (vergleiche Abschnitt 2.1.2.3). Für DHPMA und DHBMA war nur eine schwache Korrelation mit dem Cotiningehalt des Urins (r = 0,23 bzw. 0,37) zu verzeichnen.

Für die Höhe der Hintergrundgehalte an Hydroxyalkylmerkaptursäuren im Urin der Allgemeinbevölkerung kommt der Tabakrauchexposition folglich eine wesentliche Rolle zu. Sie erklärt aber nicht die z. T. sehr hohen Analytgehalte im Nichtraucherurin.

4.4.1.3 Weitere Einflussfaktoren

Um den Einfluss weiterer Faktoren auf die Analytgehalte im Urin zu prüfen, wird im Folgenden nur die Gruppe der Nichtraucher betrachtet. Die in dieser Gruppe ermittelten Hintergrundgehalte können durch eine Vielzahl von Faktoren, wie Alter, Geschlecht, Lebensweise oder Gesundheitszustand beeinflusst werden. Mittels des Mann-Whitney-U-Tests wurde der Zusammenhang zwischen dem kreatininbezogenen Merkaptursäuregehalt und den Faktoren Alter, Geschlecht und Wohnort der Probanden geprüft. Außerdem wurde erfasst, ob bei den Nichtrauchern der Cotinin- bzw. Kreatiningehalt der Urinproben mit dem jeweiligen Analytgehalt korreliert. Tabelle 33 fasst die Ergebnisse dieser Regressionsanalyse zusammen. Signifikante Korrelationen ($p < 0,05$) sind in der Tabelle fett markiert. MHBMA wird nicht aufgeführt, da dieser Analyt im Nichtraucherurin nicht nachweisbar war.

Signifikante Zusammenhänge ergaben sich lediglich zwischen den Analytgehalten und dem Kreatiningehalt des Urins. Dabei waren die Unterschiede zwischen den Analyten vergleichsweise hoch und reichten von einem recht strengen Zusammenhang bei den Dihydroxyalkylmerkaptursäuren DHPMA ($r = 0,95$) und DHBMA ($r = 0,58$) bis hin zu einer nur schwachen Beziehung bei 3-HPMA ($r = 0,29$). Die Korrelation von DHPMA mit Kreatinin stellte unter den geprüften Analyten einen Sonderfall dar, da die Korrelation ausgeprägt streng ist und zudem auch bei Einbeziehung der Gruppe der Raucher nicht verloren geht bzw. abgeschwächt wird (siehe Abbildung 34). Dies deutet darauf hin, dass die DHPMA-Ausscheidung in der Allgemeinbevölkerung fast ausschließlich durch die Verdünnung bzw. die Konzentration des Urins beeinflusst wird.

Auch die Gehalte der anderen Merkaptursäuren werden signifikant von der Urinkonzentration beeinflusst. Die geringere Strenge der Korrelation zeigt jedoch, dass hier auch noch andere Einflussfaktoren vorhanden sein müssen. Insgesamt unterstreicht die signifikante Korrelation mit

Kreatinin den Vorteil der Verwendung kreatininbezogener Messwerte zur Berücksichtigung individueller Konzentrationsunterschiede der Urinproben.

Tabelle 33: Ergebnisse der Regressionsanalyse zwischen Merkaptursäuregehalt im Urin und den Faktoren Alter, Geschlecht, Wohnort, Cotinin- sowie Kreatiningehalt im Urin.

Variable	DHPMA	HEMA	2-HPMA	3-HPMA	DHBMA
	Regressionskoeffizient / p-Wert				
Alter [a]	0,162 / 0,241	0,101 / 0,470	0,103 / 0,459	0,010 / 0,941	0,241 / 0,120
Geschlecht [b]	-0,063 / 0,259	-0,213 / 0,101	-0,123 / 0,372	0,074 / 0,854	0,115 / 0,720
Wohnort [c]	0,201 / 0,250	0,049 / 0,748	0,044 / 0,894	0,099 / 0,135	-0,025 / 0,886
Cotiningehalt [d]	-0,018 / 0,898	-0,111 / 0,424	-0,128 / 0,354	0,164 / 0,236	0,024 / 0,860
Kreatiningehalt [e]	0,949 / **<0,001**	0,392 / **0,003**	0,501 / **<0,001**	0,291 / **0,033**	0,580 / **<0,001**

[a] n = 54, 17 – 63 Jahre, Median: 28,5 Jahre.
[b] weiblich (n = 31) ist 0, männlich (n = 23) ist 1.
[c] wohnhaft auf dem Land (n = 13) ist 0, wohnhaft in der Stadt (n = 37) ist 1.
[d] Nichtraucher (n = 54), Cotiningehalt 0,6 – 55,4 µg/g Kreatinin.
[e] n = 54, Kreatiningehalt 0,3 – 2,9 g/L.

Im Unterschied zum Kreatinin war zwischen den Cotinin- und Merkaptursäuregehalten im Nichtraucherurin bei keinem der fünf untersuchten Analyten ein signifikanter Zusammenhang nachweisbar. Das zeigt, dass die z. T. beachtlichen Hintergrundgehalte der Merkaptursäuren weniger das Ergebnis einer diffusen Passivrauchexposition waren, sondern auch durch andere Quellen verursacht werden müssen. Allerdings hatten auch die geprüften Faktoren Alter, Wohnort und Geschlecht der Probanden keinen signifikanten Einfluss auf die Analytgehalte. Lediglich zwischen HEMA und dem Geschlecht der Probanden ließ sich ein Trend zu etwas höheren Gehalten bei Frauen im Vergleich zu Männern ablesen. Dies kann zwar auch eine Folge der etwas niedrigeren Kreatiningehalte im Frauenurin sein, allerdings war die Tendenz zu höheren HEMA-Gehalten bei Frauen auch bei Verwendung der Bezugsgröße µg/L vorhanden. Zudem führte der Kreatininbezug bei den anderen Analyten zu keinen geschlechtsspezifischen Tendenzen.

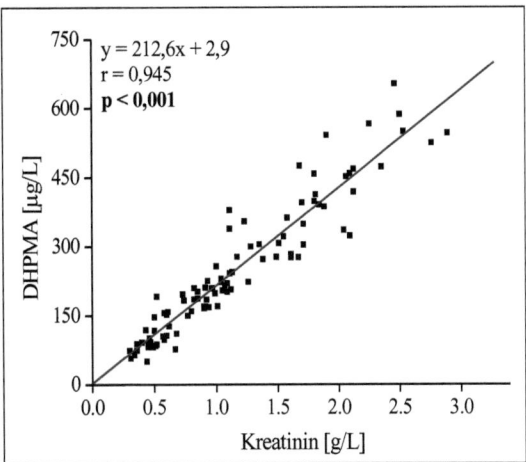

Abbildung 34: Korrelation des DHPMA-Gehalts mit dem Kreatiningehalt im Urin (n = 94).

Die Ergebnisse können allerdings nicht klären, auf welchen Ursachen die z. T. recht hohen Hintergrundgehalte der untersuchten Merkaptursäuren im Nichtraucherurin beruhen.

4.4.1.4 Korrelation der Merkaptursäuren untereinander

Eine Korrelation der Analyten untereinander kann Anhaltspunkte dafür liefern, ob verschiedene Merkaptursäuren durch gleiche Quellen beeinflusst bzw. gebildet werden.

Anhand der ermittelten Merkaptursäuregehalte in den Urinproben der Nichtraucher war zu prüfen, inwieweit die Ausscheidungsraten der einzelnen Analyten miteinander korrelieren. Die Ergebnisse der Regressionsanalyse sind in Tabelle 34 zusammengefasst, wobei signifikante Korrelationen fett gedruckt sind. Um festzustellen, ob einzelne Analyten aus gleichen Quellen stammen könnten, wurde eine univariate Regressionsanalyse durchgeführt.

Die Ergebnisse zeigen eine signifikante lineare Korrelation zwischen 2-HPMA und DHPMA sowie HEMA. Weiterhin wurde eine starke, positive Korrelation zwischen den Gehalten von 3-HPMA und DHBMA ermittelt.

Für Letzteres gibt es Anhaltspunkte, da sich im Tierversuch zeigte, dass eine Butadienexposition nicht nur zu einer erhöhten Ausscheidung von DHBMA, sondern auch von 3-HPMA (als weiterer Metabolit des zugeführtem Butadiens) führte [12,126,136]. Als möglicher Metabolisierungsweg des Butadiens wird die Reaktion zu 3-Butenal mit weiterer Biotransformation zu Crotonaldehyd und

Acrolein beschrieben [12]. Dieser Aspekt kann eine Erklärung für die beobachtete gute Korrelation von DHBMA, als Hauptmetabolit des Butadiens und 3-HPMA bei Nichtrauchern liefern.

Tabelle 34: Regressionsanalyse der Korrelation zwischen den Analyten untereinander in der Gruppe der Nichtraucher (n = 54).

Variable	DHPMA	HEMA	2-HPMA	3-HPMA	DHBMA
		Regressionskoeffizient / p-Wert			
DHPMA	1,0 / -	0,051 / 0,714	0,366 / **0,006**	-0,610 / 0,664	0,107 / 0,440
HEMA		1,0 / -	0,384 / **0,004**	-0,030 / 0,830	-0,104 / 0,454
2-HPMA			1,0 / -	0,243 / 0,076	0,169 / 0,222
3-HPMA				1,0 / -	0,757 / **<0,001**
DHBMA					1,0 / -

Auch die zwar signifikante, aber deutlich schwächere Korrelation zwischen den Gehalten an 2-HPMA und DHPMA sowie HEMA lässt auf gemeinsame Quellen der Vorläufersubstanzen schließen. Bisher gibt es hierzu aber keine weiteren Erkenntnisse, so dass über die Ursache dieser Korrelation nur spekuliert werden kann. Aufgrund ihrer sehr ähnlichen Struktur ist es gut denkbar, dass 2-HPMA und DHPMA aus der gleichen Vorläufersubstanz gebildet werden. Es ist aber auch möglich, dass verschiedene Vorläufersubstanzen der untersuchten Merkaptursäuren durch eine gemeinsame Quelle, wie z. B. Lebensmittel aufgenommen werden.

4.4.2 Diskussion

Tabelle 35 und Tabelle 36 geben einen Überblick über die Biomonitoring-Ergebnisse anderer Studien, die Hydroxyalkylmerkaptursäuren in menschlichem Urin untersucht haben. DHPMA ist nicht aufgeführt, da es für diese Merkaptursäure bisher keine weiteren Studien gibt. Im Anschluss werden die in der vorliegenden Arbeit ermittelten Merkaptursäuregehalte einzeln diskutiert.

Tabelle 35: Zusammenfassung der Biomonitoring-Ergebnisse verschiedener Studien im Hinblick auf die ermittelten Gehalte an HEMA, 2-HPMA und 3-HPMA.

Studie	Subjekte	Anzahl n	HEMA	2-HPMA	3-HPMA
			Median (95. Perzentil) in µg/g Kreatinin		
Diese Arbeit (2011)	Nichtraucher	54	< 2,0 (4,5)	12,1 (21,7)	146 (595)
	Raucher	40	4,5 (23,9)	46,2 (196)	884 (3381)
Roethig et al. (2009) [187]	Nichtraucher	1077			327 [b, d]
	Raucher	3585			1450 [b, d]
Ding et al. (2009) [166]	Nichtraucher	59	0,8 [b]		24,3
	Raucher	61	3,1 [b]		840
Shepperd et al. (2009) [188]	Nichtraucher	50			153 [b, d]
	Raucher	45			967 [b, d]
Carmella et al. (2009) [167]	Raucher	17	15,1 [b, d]		1581 [b, d]
	Ex-Raucher *	17	3,5 [b, d]		211 [b, d]
Schettgen et al. (2008) [168]	Nichtraucher	14	1,7	4,7	113
	Raucher	14	4,0	37,5	1630
Carmella et al. (2007) [164]	Nichtraucher	21			151
	Raucher	35			643
Haufroid et al. (2007) [107]	Nichtraucher	47	1,4		
	Raucher	30	3,3		
Scherer et al. (2007) [189]	Nichtraucher	100			241 (531) [d, e]
	Raucher	194			926 (1924) [d, e]
Mascher et al. (2001) [190]	Nichtraucher	41			580 [b, d]
	Raucher	27			2006 [b, d]
Calafat et al. (1999) [163]	Nichtraucher	214	1,1 (6,0)		
	Raucher	152	2,8 (16,5)		

[b] Mittelwert.
[d] umgerechnet von µg/24 h basierend auf einer mittleren täglichen Kreatininausscheidung von 1,4 g.
[e] Mittelwert (90. Perzentil).
* Personen, die vor genau drei Tagen mit dem Rauchen aufgehört haben.

Tabelle 36: Zusammenfassung der Biomonitoring-Ergebnisse verschiedener Studien im Hinblick auf die ermittelten Gehalte an DHBMA und MHBMA.

Studie	Subjekte	Anzahl n	DHBMA	MHBMA
			Median (95. Perzentil) in µg/g Kreatinin	
Diese Arbeit (2011)	Nichtraucher	54	159 (329)	< 5,0 (< 5,0)
	Raucher	40	211 (417)	< 5,0 (9,5)
Schettgen et al. (2009) [191]	Nichtraucher	73	289 (760) [a]	< 2,0 (< 2,0) [a]
	Raucher	81	398 (1079) [a]	< 2,0 (8,6) [a]
Roethig et al. (2009) [187]	Nichtraucher	1077	279 [b, d]	0,2 [b, d]
	Raucher	3585	397 [b, d]	2,6 [b, d]
Ding et al. (2009) [166]	Nichtraucher	59	< 0,1 – 582 [c]	< 0,05 – 122 [c]
	Raucher	61	166 – 1092 [c]	< 0,05 – 59,7 [c]
Carrieri et al. (2009) [192]	Nichtraucher	33	166 [a, b]	
Carmella et al. (2009) [167]	Raucher	17	186 [b, d]	11,0 [b, d]
	Ex-Raucher *	17	157 [b, d]	0,9 [b, d]
Fustinoni et al. (2004) [193]	Kontrollen	18	602 [a]	7,5 [a]
Urban et al. (2003) [128]	Nichtraucher	10	328 [d]	8,9 [d]
	Raucher	10	460 [d]	61,7 [d]
Van Sittert et al. (2000) [85]	Kontrollgruppe 1	24	524 [a]	2,0 [a]
	Kontrollgruppe 2	22	355 [a]	1,6 [a]

[a] Gehalt in µg/L.
[b] Mittelwert.
[c] Bereich (Min – Max) in µg/g Kreatinin.
[d] umgerechnet von µg/24 h basierend auf einer mittleren täglichen Kreatininausscheidung von 1,4 g.
* Personen, die vor genau drei Tagen mit dem Rauchen aufgehört haben.

4.4.2.1 2,3-Dihydroxypropylmerkaptursäure (DHPMA)

Die 2,3-Dihydroxypropylmerkaptursäure (DHPMA) wurde im Tierversuch als einer der Hauptmetabolite des Glycidols im Urin bestätigt [34,116,117]. Mit den vorliegenden Ergebnissen ist DHPMA erstmals im menschlichen Urin nachgewiesen und bestimmt worden. Dabei erscheint bemerkenswert, dass DHPMA in allen untersuchten Urinproben in vergleichsweise hohen Konzentrationen nachweisbar war, ohne dass die Quellen dieser Hintergrundbelastung zweifelsfrei bekannt sind. Eine dieser Quellen könnte Tabakrauch sein, da in der Literatur über das Vorkommen von Glycidol im Tabakrauch berichtet wird [40]. Allerdings waren auch im Urin von Nichtrauchern hohe DHPMA-Gehalte vorhanden (vergleiche Tabelle 31) und außerdem war für DHPMA als einzige der sechs untersuchten Merkaptursäuren kein signifikanter Unterschied zwischen der Ausscheidungsrate bei Rauchern und Nichtrauchern zu finden. Auffallend war jedoch die sehr starke Korrelation (r = 0,945, p < 0,001) der DHPMA-Gehalte mit dem Kreatiningehalt des Urins (vergleiche Abbildung 34), was auf eine recht gleichmäßige Hintergrundbelastung mit dem oder den DHPMA-Vorläufern schließen lässt. Tierversuche zeigten, dass neben Glycidol auch der strukturverwandte Arbeitsstoff Epichlorhydrin unter HCl-Abspaltung zu DHPMA metabolisiert wird [119]. Dies trifft auch auf verschiedene halogenierte Propane bzw. Propanole zu [160-162,194]. Diese Verbindungen werden zwar an verschiedenen Arbeitsplätzen eingesetzt, es ist aber nicht bekannt, dass diese in die Umwelt gelangen und zu einer Hintergrundbelastung der beruflich nicht exponierten Bevölkerung beitragen.

Ein weiterer möglicher DHPMA-Vorläufer ist 3-Monochlorpropandiol (3-MCPD), das im Körper vermutlich über ein Glycidol-Intermediat metabolisiert wird [117,195,196]. 3-MCPD entsteht bei der Verarbeitung bestimmter Lebensmittel, z. B. durch eine saure Hydrolyse bei der Herstellung von Sojasoßen [197]. Nach neueren Erkenntnissen kann 3-MCPD auch entstehen, wenn fett- und salzhaltige Lebensmittel hohen Temperaturen ausgesetzt werden, z. B. in Brotwaren oder geräucherten Lebensmitteln [7,198,199]. Im Zusammenhang damit ist auch das kürzlich entdeckte Vorkommen von 3-MCPD- und Glycidyl-Fettsäureestern in raffinierten Pflanzenölen zu sehen [8,200,201]. Diese könnten nach Aufnahme in den Körper zur Freisetzung von 3-MCPD bzw. Glycidol und damit zur Bildung von DHPMA führen.

Um zu prüfen, ob die DHPMA-Ausscheidung im Urin durch die Aufnahme bestimmter Lebensmittel beeinflusst wird, hat ein Proband (weiblich, 27 Jahre) drei Tage lang auf verarbeitete und erhitzte Lebensmittel verzichtet und sich ausschließlich von frischem Obst und Gemüse ernährt. Über den genannten Zeitraum, sowie zwei Tage vor und nach den Rohkosttagen wurde alle drei bis sechs Stunden eine Urinprobe genommen und anschließend auf ihren DHPMA-Gehalt analysiert. Abbildung 35 zeigt den zeitlichen Verlauf der DHPMA-Ausscheidung, die über den gesamten Zeitraum keinen deutlichen Abfall der DHPMA-Gehalte im Urin erkennen lässt. Der Hintergrundgehalt an DHPMA bewegte sich konstant auf einem Niveau von 200 bis 250 µg/g Kreatinin.

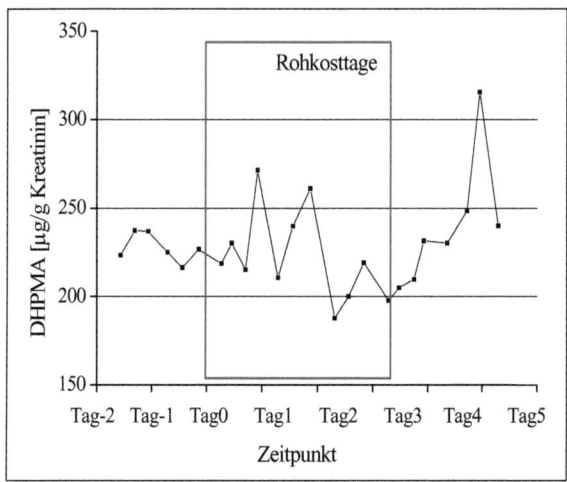

Abbildung 35: Zeitlicher Verlauf der DHPMA-Ausscheidung in µg/g Kreatinin bei Verzicht auf verarbeitete und erhitzte Lebensmittel.

Da DHPMA im Tierversuch mit einer sehr kurzen Halbwertszeit von nur wenigen Stunden ausgeschieden wird [116,119], hätten sich die Folgen der beschriebenen Ernährungsumstellung im beobachteten Zeitraum zeigen müssen. Dies ist zumindest ein Indiz dafür, den genannten ernährungsbedingten Einfluss auf die DHPMA-Ausscheidung durch verarbeitete Lebensmittel nicht zu überschätzen. Da wichtige Faktoren, wie Tabakrauch-Exposition, Wohnort, Alter und Geschlecht bisher keinen signifikanten Einfluss auf die DHPMA-Ausscheidung zeigten, kann auch eine endogene Bildung der DHPMA-Vorläufersubstanzen in Betracht gezogen werden. Diese Annahme wird auch durch die bereits erwähnte starke Korrelation der DHPMA-Gehalte mit dem Kreatiningehalt unterstützt (vergleiche Abbildung 34). Es bleibt jedoch vorerst unklar, welche Ausgangsverbindung in der Allgemeinbevölkerung zur DHPMA-Bildung und -Ausscheidung führt.

4.4.2.2 Hydroxyethylmerkaptursäure (HEMA)

HEMA konnte in dieser Arbeit in 55 % aller untersuchten Urinproben in Gehalten über 2,0 µg/L nachgewiesen werden. Die Exposition zu Tabakrauch führte zu einem signifikanten Anstieg und einer signifikant positiven Korrelation der HEMA-Gehalte mit dem Cotiningehalt, ein Befund, der durch Literaturangaben bestätigt wird [163,166-168]. Calafat et al. [163] untersuchten bereits 1999 in einer umfangreichen Studie die HEMA-Ausscheidung in der US-amerikanischen Bevölkerung und ermittelten HEMA-Medianwerte von 1,1 µg/g Kreatinin für Nichtraucher (n = 214) und 2,8 µg/g Kreatinin für Raucher (n = 152). Diese Werte wurden durch zwei neuere Studien von 2008 bzw. 2009 bestätigt, die für Nichtraucher HEMA-Gehalte von 0,8 bzw. 1,7 µg/g Kreatinin und für Raucher von 3,1 bzw. 4,0 µg/g Kreatinin ermittelten [166,168]. Die in der vorliegenden Arbeit gefundenen Werte von 1,6 µg/g Kreatinin (Nichtraucher) und 4,9 µg/g Kreatinin (Raucher) passen gut zu den bereits publizierten Werten (siehe auch Tabelle 35). Die von Calafat et al. (1999) [163] gefundenen signifikant höheren HEMA-Gehalte bei Frauen konnten nicht zweifelsfrei bestätigt werden, obwohl auch in der vorliegenden Arbeit Frauen tendenziell etwas höhere HEMA-Werte aufwiesen. Calafat et al. [163] vermuteten geschlechtspezifische Unterschiede im Metabolismus von HEMA, unterschieden aber nicht zwischen Rauchern und Nichtrauchern, so dass auch Verschiedenheiten im Rauchverhalten der Probanden die beobachteten Unterschiede bedingen könnten. Der beobachtete geringe Hintergrundgehalt an HEMA im Urin von Nichtrauchern resultiert vermutlich aus dem natürlichen Vorkommen sowie der endogenen Bildung von Ethylen und Ethylenoxid (vergleiche Abschnitt 2.1.2.2).

4.4.2.3 2-Hydroxypropylmerkaptursäure (2-HPMA)

Der Analyt 2-HPMA konnte in allen untersuchten Urinproben nachgewiesen werden. Die Ausscheidung dieser Merkaptursäure wurde stark durch das Rauchverhalten der Probanden beeinflusst. Raucher wiesen mit einem Median von 46,2 µg 2-HPMA/g Kreatinin fast viermal höhere Gehalte im Urin auf als Nichtraucher (12,1 µg/g Kreatinin). Dementsprechend korrelierte die Ausscheidung an 2-HPMA signifikant mit dem Cotiningehalt des Urins. Dieses Ergebnis ist durchaus schlüssig, da Tabakrauch Propylen enthält [19], das nach Aufnahme in den Körper zu Propylenoxid, der Vorläufersubstanz von 2-HPMA, metabolisiert wird [22,58]. Zum Hintergrundgehalt an 2-HPMA im Urin der Allgemeinbevölkerung gibt es bislang nur wenige Daten in der Literatur. Schettgen et al. (2008) [168] fanden anhand einer relativ kleinen Stichprobe ebenfalls einen signifikanten Unterschied in der Ausscheidung von 2-HPMA zwischen Nichtrauchern (n = 14, Median: 4,7 µg/g Kreatinin) und Rauchern (n = 14, Median: 37,5 µg/g Kreatinin), der durch die hier vorliegenden Ergebnisse bestätigt werden kann. Allerdings ist der von Schettgen et al. [168] für Nichtraucher ermittelte Medianwert an 2-HPMA bei einem großen Streubereich deutlich geringer. Die Ursachen dafür könnten sowohl in der geringen Probenanzahl (n = 14) als auch in methodischen Abweichungen (kein Ausschluss von Urinproben mit Kreatiningehalten < 0,3 und > 3,0 g/L, kein isotopenmarkiertes 2-HPMA als IS) begründet liegen.

Faktoren, wie Alter, Geschlecht oder Wohnort der Probanden zeigten keinen signifikanten Einfluss auf den 2-HPMA-Gehalt im Nichtraucherurin. Als Ursache für die beobachteten Hintergrundgehalte an dieser Merkaptursäure spielt möglicherweise das ubiquitäre Vorkommen von Propylen (siehe Abschnitt 2.1.2.2) eine wichtige Rolle.

4.4.2.4 3-Hydroxypropylmerkaptursäure (3-HPMA)

Analog zu 2-HPMA fand sich auch 3-HPMA in allen untersuchten Urinproben, allerdings in weitaus höheren Gehalten. Für den Hintergrundgehalt im Nichtraucherurin wurde ein Median von 146 µg/g Kreatinin ermittelt, der bei Rauchern um mehr als das Sechsfache auf 884 µg/g Kreatinin anstieg. Damit zeigte 3-HPMA von den hier untersuchten Merkaptursäuren den stärksten Effekt durch eine Tabakrauchexposition. Der enge Zusammenhang mit dem Cotiningehalt im Urin (vergleiche Abbildung 33) unterstreicht diese Aussage.

Im Gegensatz zu 2-HPMA gibt es in der Literatur bereits eine Vielzahl von Studien, die Hintergrundgehalte von 3-HPMA im menschlichen Urin untersuchten und den deutlichen Einfluss einer Tabakrauchexposition auf die 3-HPMA-Ausscheidung feststellten (siehe Tabelle 35). Letzteres belegt eindrucksvoll eine Studie mit 17 Personen, die das Rauchen aufgegeben haben und deren 3-HPMA-Gehalte im Urin bereits nach drei Tagen von im Mittel über 1500 µg/g Kreatinin auf 211 µg/g Kreatinin abgesunken ist [167]. Scherer et al. (2007) [189] fanden in einer Studie mit fast 300 Probanden mittlere 3-HPMA-Gehalte im Nichtraucherurin von 241 µg/g Kreatinin (n = 100) und im Raucherurin von 926 µg/g Kreatinin (n = 194). Diese Werte stimmen mit den Daten der vorliegenden Arbeit gut überein. Etwas höhere 3-HPMA-Gehalte fanden Roethig et al. (2009) [187], die im Rahmen einer großen Bevölkerungsstudie mit über 4500 Probanden verschiedene Biomarker im Urin untersucht haben. Sie bestimmten 3-HPMA-Gehalte von 327 µg/g Kreatinin im Nichtraucherurin (n = 1077, Mittelwert) und 1450 µg/g Kreatinin im Raucherurin (n = 3585, Mittelwert). Auch weitere Studien aus den letzten Jahren fanden 3-HPMA-Gehalte in der Größenordnung der hier ermittelten Ergebnisse und zeigten ebenfalls den erheblichen Anstieg der 3-HPMA-Ausscheidung bei Rauchern [164,166,168,188,190], so dass die hohen Hintergrundgehalte als auch die starke Korrelation mit einer Tabakrauchexposition als gesichert gelten können. Dass die erhöhten 3-HPMA-Gehalte im Raucherurin tatsächlich im Zusammenhang mit dem Acroleingehalt des Tabakrauchs stehen, belegt eine Studie von Shepperd et al. (2009) [188], der eine enge Korrelation zwischen dem 3-HPMA-Gehalt im Urin und dem Acroleingehalt im Zigarettenfilter fand (r = 0,82).

Offen bleibt jedoch, aus welchen Quellen der hohe Hintergrundgehalt an 3-HPMA im Nichtraucherurin resultiert. Sicherlich trägt eine Passivrauchexposition im gewissen Umfang zu einer 3-HPMA-Ausscheidung bei. Da aber bei Nichtrauchern kein signifikanter Zusammenhang zwischen Cotinin- und 3-HPMA-Gehalt im Urin zu finden war, ist dieses zumindest nicht die einzig bedeutende Quelle. Aufgrund des bekannten Vorkommens von Acrolein in vielen Lebensmitteln (vergleiche Abschnitt 2.1.2.2) ist eine alimentäre Ursache für die 3-HPMA-Gehalte bei Nichtrauchern wahrscheinlich.

4.4.2.5 3,4-Dihydroxybutylmerkaptursäure (DHBMA) und Monohydroxy-3-butenylmerkaptursäure (MHBMA)

Die beiden Merkaptursäuren DHBMA und MHBMA wurden als uringängige Metabolite des Butadiens im Tierversuch bestätigt [83,85,126], wobei DHBMA beim Menschen den Hauptmetaboliten darstellt [12,85,131].

In der vorliegenden Arbeit wurde DHBMA in allen untersuchten Proben nachgewiesen. Der Unterschied zwischen der DHBMA-Ausscheidung bei Nichtrauchern (Median: 159 µg/g Kreatinin) und Rauchern (Median: 211 µg/g Kreatinin) ist zwar gering, aber statistisch signifikant ($p < 0,001$). MHBMA ließ sich dagegen nur in etwa 10 % der Urinproben und ausschließlich in Raucherurinen nachweisen. Offensichtlich wird MHBMA deutlicher durch eine Exposition zu Tabakrauch beeinflusst als DHBMA [128,187,191] und stellt somit einen sensitiveren Biomarker dar [12,85,131]. Literaturbefunde weisen für DHBMA ebenfalls höhere Gehalte im Raucherurin aus [128,166,187,191], die sich aber nicht immer signifikant von den Gehalten im Nichtraucherurin unterscheiden (vergleiche Tabelle 36). Roethig et al. (2009) [187] fanden im Mittel DHBMA-Gehalte von 279 µg/g Kreatinin für Nichtraucher (n = 1077) und 397 µg/g Kreatinin für Raucher (n = 3585), während Carrieri et al. (2009) [192] bei 33 Nichtrauchern mittlere DHBMA-Gehalte von 166 µg/L fanden. Insgesamt kann die Größenordnung der in anderen Studien gefundenen DHBMA-Gehalte mit der vorliegenden Arbeit bestätigt werden.

Der hohe Hintergrundgehalt an DHBMA im Nichtraucherurin weist darauf hin, dass dieser neben dem Tabakrauch auch noch durch andere Faktoren beeinflusst wird. Zwar gelangt Butadien durch verschiedene Verbrennungsprozesse auch in die Atmosphäre, doch ist die Konzentration in der Atemluft mit 1 bis 5 µg Butadien/m^3 sehr gering [12]. Das gilt vor allem im Vergleich zu Butadiengehalten pro Zigarette von 15 bis 75 µg im Hauptstromrauch und bis zu 400 µg im Nebenstromrauch [12,36]. Analog zu DHPMA ist eine endogene Quelle als Ursache für die hohen DHBMA-Hintergrundgehalte denkbar [85]. Ein signifikanter Einfluss der Faktoren Alter und

Geschlecht auf die DHBMA-Ausscheidung wurde nicht gefunden. Das bestätigt das Ergebnis von Smith et al. (2001)[202], die im Rahmen einer großen Bevölkerungsstudie schlussfolgerten, dass die hohe Variabilität der Butadien-Hintergrundgehalte weder durch genetische noch durch ernährungsbedingte Faktoren maßgeblich zu erklären ist.

Für MHBMA, die nur in geringen Umfang im Raucherurin nachzuweisen war, ist ein Vergleich mit Literaturbefunden schwieriger. Schettgen et al. (2009)[191] konnten MHBMA im Nichtraucherurin bei einer Nachweisgrenze von 2,0 µg/L ebenfalls nicht nachweisen. Im Raucherurin (n = 81) ermittelten sie ein 95. Perzentil von 8,6 µg/L, was dem in dieser Arbeit ermitteltem 95. Perzentil von 7,6 µg/L recht nahe kommt. Roethig et al. (2009)[187] wiesen in einer umfangreichen Studie mittlere MHBMA-Gehalte von 0,2 µg/g Kreatinin (n = 1077) im Nichtraucherurin und von 2,6 µg/g Kreatinin (n = 3585) im Raucherurin nach. Über ähnliche Gehalte berichten auch van Sittert et al. (2000)[85].

Allerdings finden sich sowohl in der neueren als auch in der älteren Literatur MHBMA-Werte, die zum Teil erheblich von den hier vorgestellten abweichen (siehe auch Tabelle 36). So ermittelten Ding et al. (2009)[166] im Nichtraucherurin MHBMA-Gehalte von bis zu 122 µg/g Kreatinin, ohne einen signifikanten Unterschied zwischen Rauchern und Nichtrauchern zu finden. Urban et al. (2003)[128] ermittelten zwar im Raucherurin signifikant höhere MHBMA-Gehalte, aber die hohen Hintergrundgehalte von 8,9 µg/g Kreatinin für Nichtraucher (Median, n = 10) und 61,7 µg/g Kreatinin für Raucher (Median, n = 10) können durch die hier vorliegenden Ergebnisse nicht bestätigt werden. Die Ursachen für diese abweichenden Ergebnisse sind noch unklar, und erfordern weitere Untersuchungen. Denkbar sind analysentechnische Gründe, da bei der chromatographischen Trennung dieses Analyten häufig Störkomponenten mit eluiert werden (siehe unten).

Aus der Reaktion von Monoepoxybuten (dem Primärmetaboliten des Butadiens [12,83]) mit GSH können zwei regioisomere Formen von MHBMA gebildet werden, von den jedes wieder eine Mischung aus zwei Diastereomeren ist. Im Tierversuch wurden alle vier isomeren MHBMA-Formen nachgewiesen [126,203], wobei sich die Verhältnisse spezieabhängig stark unterschieden [126]. Die MHBMA-Isomere eluieren in mehreren Peaks unterschiedlicher Intensität. Dies stellt hohe Anforderungen an die chromatographische Trennung, um MHBMA von koeluierenden Matrixsubstanzen zu separieren und sicher zu quantifizieren. Die chromatographische Trennung des Standardgemischs auf der HILIC-Säule unter den in Abschnitt 3.1.4 angegebenen Bedingungen lieferte zwei fast basisliniengetrennte Peaks ähnlicher Intensität für MHBMA. In Humanurinproben konnte jedoch immer nur ein MHBMA-Peak gefunden werden. Dies bestätigt die Beobachtung von

Ding et al. (2009) [166], die in Humanurinen ebenfalls nur ein MHBMA-Isomer nachweisen konnten. Die Bestätigung dieser Vermutung durch einen Vergleich mit regioisomerenreinen MHBMA-Standards steht jedoch noch aus.

Im Unterschied zu Nagetieren weist der humane Stoffwechsel höhere Epoxidhydrolaseaktivitäten auf und metabolisiert Butadien deshalb bevorzugt zu DHBMA anstatt zu MHBMA [83,129-131]. Aufgrund der hohen ungeklärten Hintergrundgehalte an DHBMA in Urin, scheint MHBMA aber der spezifischere Parameter für eine Butadienbelastung zu sein. Problematisch ist aber sowohl die geringe Ausscheidungsrate an MHBMA, die sehr sensitive Analysenmethoden erfordert, als auch die anspruchsvolle analytische Trennung von koeluierenden Matrixbestandteilen.

4.5 Merkaptursäuren des 2-Chloroprens und des Epichlorhydrins

4.5.1 Ergebnisse

Mit der im Abschnitt 3.2 beschriebenen Methode zur Bestimmung der Merkaptursäuren des 2-Chloroprens und des Epichlorhydrins wurden Urinproben von 14 Probanden untersucht, die zum Zeitpunkt der Probenahme beruflich gegenüber 2-Chloropren potentiell exponiert waren (Probandenkollektiv 3, vergleiche Abschnitt 3.5.3). Als Vergleich dienten die Hintergrundgehalte an den untersuchten Merkaptursäuren im Urin von 30 beruflich nicht exponierten Personen (Probandenkollektiv 2, vergleiche Abschnitt 3.5.2). Zusätzlich wurde in allen untersuchten Urinproben Kreatinin als Parameter für die Urinkonzentration bestimmt.

4.5.1.1 Gehalte der Merkaptursäuren

Wie aus den Abschnitten 3.5.2 und 3.5.3 ersichtlich, waren sich die beiden untersuchten Probandenkollektive insofern ähnlich, als sich jeweils die Hälfte der Probanden als Raucher bezeichnete. Unterschiede ergaben sich in der Geschlechtsverteilung, da die beruflich exponierte Gruppe nur aus männlichen Probanden bestand.

Tabelle 37 zeigt eine Zusammenstellung der Merkaptursäuregehalte in den Urinproben der beruflich exponierten Probanden („exponierte Gruppe") in µg/L Urin und in µg/g Kreatinin.

Tabelle 37: Merkaptursäuregehalte[*] im Urin von beruflich gegenüber 2-Chloropren exponierten Probanden (n = 14).

Analyt	> NWG[**]	[absolut, %]	Median	Bereich	Median	Bereich
			[µg/L]		[µg/g Kreatinin]	
Cl-MA I	0	0 %	< 2,5	< 2,5	< 2,5	< 2,5
Cl-MA III	11	79 %	7,2	< 1,4 – 35,9	6,1	1,3 – 25,7
CHPMA	0	0 %	< 2,7	< 2,7	< 2,7	< 2,7
HOBMA	14	100 %	197	27,0 – 576	214	97,9 – 436
DHBMA	14	100 %	3463	44,9 – 17013	3255	176 – 12187

---

[*] Die instabile Merkaptursäure Cl-MA II (vergleiche Abschnitt 4.2.3) wurde in keiner der untersuchten Proben gefunden.
[**] > NWG = Anzahl der Proben mit Gehalten oberhalb der Nachweisgrenze.

Die Gehalte der untersuchten Merkaptursäuren im Urin beruflich nicht exponierter Personen („Vergleichsgruppe") sind in Tabelle 38 zusammengestellt.

Tabelle 38: Merkaptursäuregehalte* im Urin von beruflich gegenüber alkylierenden Substanzen nicht exponierter Probanden (n = 30).

Analyt	> NWG ** [absolut, %]		Median [µg/L]	Bereich	Median [µg/g Kreatinin]	Bereich
Cl-MA I	0	0 %	< 2,5	< 2,5	< 2,5	< 2,5
Cl-MA III	0	0 %	< 1,4	< 1,4	< 1,4	< 1,4
CHPMA	0	0 %	< 2,7	< 2,7	< 2,7	< 2,7
HOBMA	30	100 %	116	13,9 – 638	111	26,8 – 776
DHBMA	30	100 %	215	35,8 – 595	179	72,3 – 523

Von den chlorhaltigen potentiellen Merkaptursäuren des Chloroprens ließ sich lediglich Cl-MA III nachweisen. Cl-MA III war dabei ausschließlich in 11 von 14 Urinproben der gegenüber Chloropren beruflich exponierten Gruppe in Gehalten oberhalb der Nachweisgrenze von 1,4 µg/L zu finden. Die weiteren potentiellen chlorhaltigen Chloropren-Metabolite Cl-MA I und Cl-MA II waren in keiner der untersuchten Proben nachweisbar. Erwartungsgemäß wurde auch CHPMA, als chlorhaltiger Metabolit des Epichlorhydrins, in keiner der untersuchten Proben gefunden. Die Merkaptursäuren HOBMA und DHBMA ließen sich allerdings in allen untersuchten Urinproben nachweisen, wobei die Gehalte beider Merkaptursäuren in der exponierten Gruppe signifikant anstiegen (vergleiche Abbildung 36).

Für alle hier nachgewiesenen Merkaptursäuren galt, dass sich durch den Kreatininbezug die Medianwerte im Vergleich zum Volumenbezug (µg/L Urin) nicht wesentlich änderten. Der Kreatininbezug verminderte allerdings mehrheitlich die Streubreite der Ergebnisse. Da der Kreatininbezug flüssigkeitszufuhrbedingte Schwankungen der Urinkonzentration ausgleicht, wird dieser für Merkaptursäuren als der zuverlässigere Wert angesehen und im Folgenden als Bezugsgröße verwendet.

Abbildung 36 zeigt die Gehalte der Merkaptursäuren Cl-MA III, HOBMA und DHBMA in der Chloropren-exponierten und der Vergleichsgruppe als Boxplots. Die Darstellung veranschaulicht den Anstieg der Gehalte an den Merkaptursäuren HOBMA und DHBMA als Folge der

---

* Die instabile Merkaptursäure Cl-MA II (vergleiche Abschnitt 4.2.3) war in keiner der untersuchten Proben nachweisbar.
** > NWG = Anzahl der Proben mit Gehalten oberhalb der Nachweisgrenze.

Chloroprenexposition sowie von Cl-MA III, die sich nur in der exponierten Gruppe nachweisen ließ. Besonders deutlich ausgeprägt ist der Anstieg bei DHBMA, die in der exponierten Gruppe im Median um das 18fache erhöht ist, und bei Cl-MA III, die sich ausschließlich in den Urinproben von 11 der 14 gegenüber Chloropren exponierten Probanden finden ließ. Der Unterschied der Merkaptursäuregehalte beider Gruppen war für alle drei Merkaptursäuren statistisch signifikant mit p < 0,001 für DHBMA und Cl-MA III und p = 0,005 für HOBMA (Mann-Whitney-U-Test).

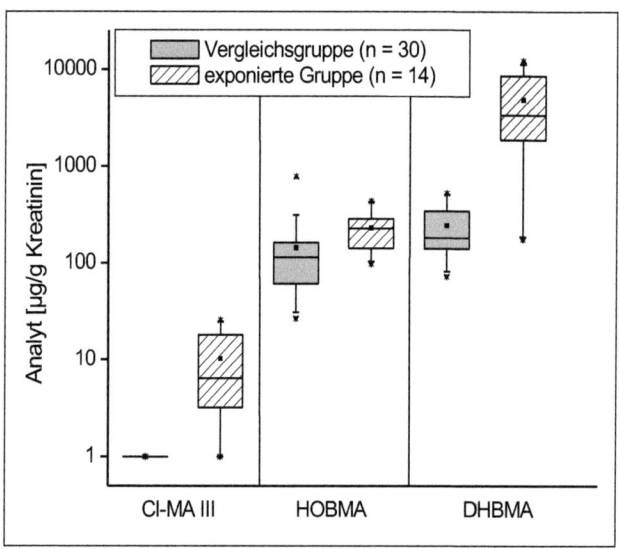

Abbildung 36: Boxplots der Gehalte an Cl-MA III, HOBMA und DHBMA in den untersuchten Urinproben beider Gruppen in µg/g Kreatinin.

4.5.1.2 Korrelationen der Merkaptursäuren

In den untersuchten Urinproben wurden maximal nur drei der untersuchten Merkaptursäuren gefunden, womit die Anzahl der Korrelationen begrenzt ist.

<u>DHBMA und Cl-MA III</u>
Abbildung 37 zeigt, dass in der exponierten Gruppe zwischen beiden Analyten ein strenger und statistisch signifikanter Zusammenhang bestand (p < 0,001, Mann-Whitney-U-Test). Auffällig war

insbesondere das Ausmaß der Gehaltsunterschiede zwischen Cl-MA III und DHBMA, die in der exponierten Gruppe in einem Verhältnis von etwa 1 : 400 ausgeschieden wurden.

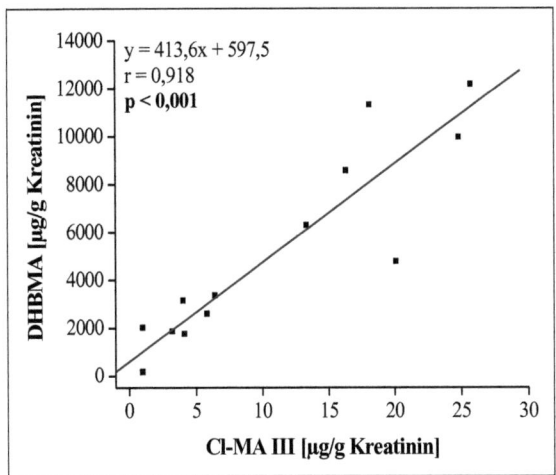

Abbildung 37: Korrelation von Cl-MA III mit DHBMA im Urin der potentiell gegenüber Chloropren exponierten Beschäftigten (n = 14).

Die Merkaptursäure Cl-MA III, die nur in der exponierten Gruppe nachweisbar war, konnte in drei Urinproben dieser Gruppe nicht gefunden werden. In diesen drei Proben wurden auch entsprechend niedrigere Gehalte an DHBMA gefunden, die bei zwei Proben sogar im Bereich des Medianwertes der Vergleichsgruppe (179 µg/g Kreatinin) lagen. Auch bei HOBMA waren die ermittelten Gehalte nur unwesentlich erhöht (siehe Tabelle 39).

Tabelle 39: DHBMA- und HOBMA-Gehalte von Urinproben der exponierten Gruppe mit Cl-MA III-Gehalten unterhalb der Nachweisgrenze.

Proben-Nummer	Cl-MA III	DHBMA	HOBMA
		[µg/g Kreatinin]	
1	< 1,4	2021	200
9	< 1,4	176	288
12	< 1,4	188	113

Eine Betrachtung der Korrelation in der Vergleichsgruppe entfällt, da Cl-MA III in den Urinproben dieser Gruppe nicht nachweisbar war.

HOBMA und Cl-MA III

Im Gegensatz zu DHBMA (vergleiche Abbildung 37) bestand zwischen den Gehalten von HOBMA und der chlorhaltigen Merkaptursäure Cl-MA III in der exponierten Gruppe kein signifikanter Zusammenhang (siehe Abbildung 38). Der Gehalt an HOBMA im Urin der exponierten Gruppe war zwar signifikant erhöht, dieser Anstieg fiel aber im Vergleich zu DHBMA und Cl-MA III doch wesentlich geringer aus (vergleiche Abbildung 36).

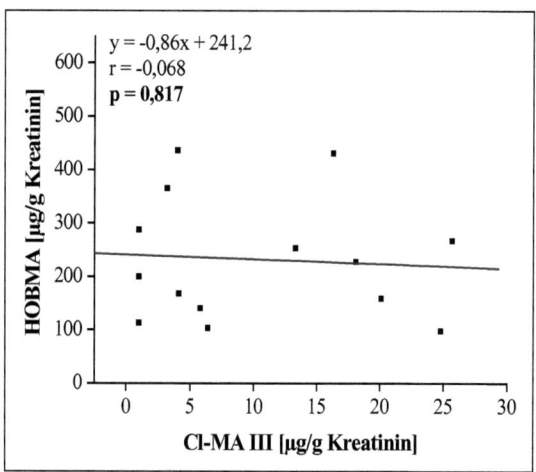

Abbildung 38: Korrelation von Cl-MA III mit HOBMA im Urin der gegenüber Chloropren exponierten Probanden (n = 14).

Eine Betrachtung der Korrelation in der Vergleichsgruppe entfällt, da Cl-MA III in dieser Gruppe nicht nachweisbar war.

DHBMA und HOBMA

Abbildung 39 zeigt, dass auch zwischen den Gehalten von HOBMA und DHBMA in der exponierten Gruppe kein signifikanter Zusammenhang vorlag.

ERGEBNISSE UND DISKUSSION

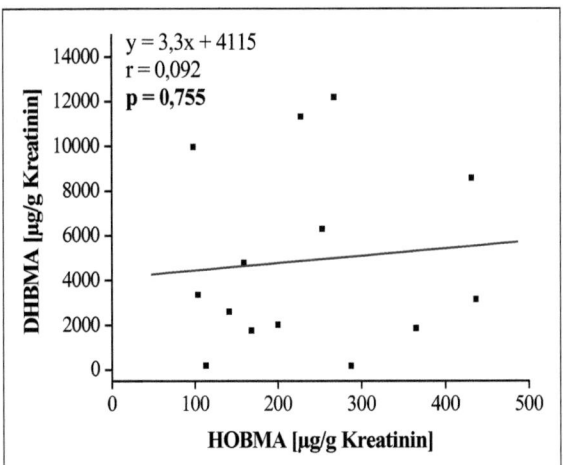

Abbildung 39: Korrelation von HOBMA mit DHBMA im Urin der Probanden der exponierten Gruppe (n = 14).

Daher erscheint es bemerkenswert, dass in der unbelasteten Vergleichsgruppe eine signifikante Korrelation zwischen den Gehalten von HOBMA und DHBMA zu finden war (r = 0,578, p < 0,001) (siehe Abbildung 40, Teil A). Dieser Zusammenhang wird enger (r = 0,951, p < 0,001), wenn nur die Gruppe der Nichtraucher betrachtet wird (siehe Abbildung 40, Teil B). Die Signifikanz des letztgenannten Zusammenhangs ist selbst dann noch gegeben, wenn der höchste Datenpunkt in Abbildung 40 (Teil B) als Ausreißer herausgenommen wird (r = 0,605, p = 0,021).

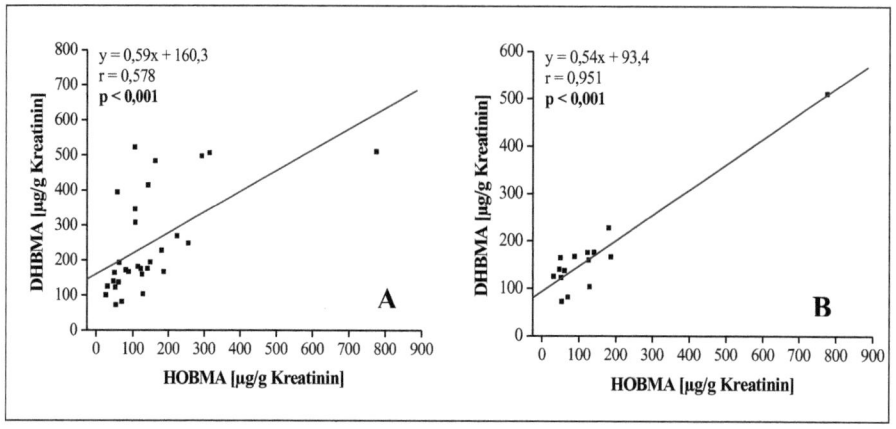

Abbildung 40: Korrelation von HOBMA mit DHBMA in den Urinproben der gesamten Vergleichsgruppe (A) (n = 30) und im Nichtraucherurin der Vergleichsgruppe (B) (n = 15).

4.5.1.3 Weitere Einflussfaktoren: HOBMA

Die untersuchten chlorhaltigen Merkaptursäuren (Cl-MA I, Cl-MA II, Cl-MA III und CHPMA) waren im Urin der Probanden der Vergleichsgruppe nicht nachweisbar, so dass eine Betrachtung der Einflussfaktoren der Hintergrundgehalte entfällt. DHBMA und HOBMA ließen sich dagegen in allen Urinproben nachweisen. Für DHBMA als bekannte Butadien-Merkaptursäure wurde in vorherigen Untersuchungen bereits ein schwacher, aber signifikanter tabakrauchabhängiger Anstieg der Ausscheidung festgestellt (vergleiche Abschnitt 4.4.1.2).

Für HOBMA als weiterer potentieller Metabolit des Butadiens und des Chloroprens zeigte sich in der Vergleichsgruppe ebenfalls eine Tendenz zu höheren Gehalten im Urin von Rauchern (siehe Abbildung 41), die allerdings im Unterschied zu DHBMA keine Signifikanz aufwies ($p = 0{,}233$, Mann-Whitney-U-Test).

Weiterhin zeigte HOBMA bei beruflich nicht exponierten Personen eine schwache, aber signifikante Korrelation mit dem Kreatiningehalt des Urins ($r = 0{,}372$, $p = 0{,}043$) und ordnet sich somit in die Reihe anderer bereits untersuchter Monohydroxyalkylmerkaptursäuren (HEMA, 2-HPMA und 3-HPMA) ein, deren Kreatininkorrelation zwar signifikant, aber weniger deutlich ausgeprägt war, als die der Dihydroxyalkylmerkaptursäuren DHPMA und DHBMA (vergleiche Abschnitt 4.4.1.3).

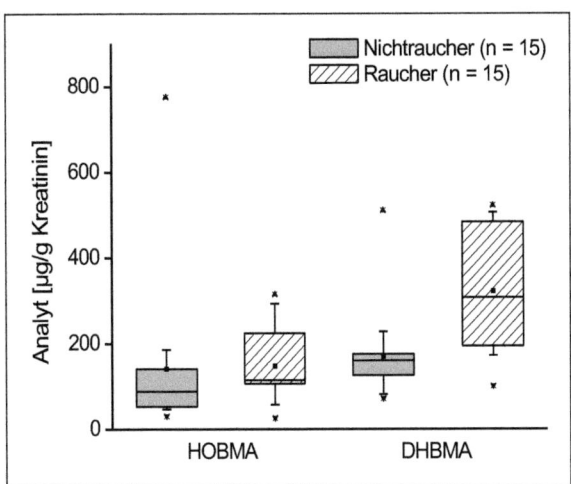

Abbildung 41: Boxplots der Gehalte an HOBMA und DHBMA im Urin der Vergleichsgruppe bei Nichtrauchern (n = 15) und Rauchern (n = 15).

4.5.2 Diskussion

In der vorliegenden Arbeit wurden Urinproben von Probanden untersucht, die entweder beruflich potentiell gegenüber Chlorpren exponiert waren (exponierte Gruppe) oder keine berufliche Exposition gegenüber alkylierenden Verbindungen aufwiesen (Vergleichsgruppe). Untersucht wurden die Gehalte von sechs Merkaptursäuren im Urin. Neben fünf potentiellen Merkaptursäuren des Chloroprens (Cl-MA I, Cl-MA II, Cl-MA III, HOBMA und DHBMA) wurden die Urinproben auch auf ihren Gehalt an CHPMA, der primären Merkaptursäure des Epichlorhydrins untersucht. Maßgebend für die Auswahl der untersuchten Merkaptursäuren waren die von Munter et al. [47,135] durchgeführten Mikrosomen-Studien zum Metabolismus von Chlorpren. Zusätzlich zu den von Munter et al. postulierten Chlorpren-Metaboliten Cl-MA I, Cl-MA III und HOBMA wurden Cl-MA II und DHBMA einbezogen. Diese wurden zwar im Metabolismusschema von Munter et al. nicht genannt, können aber als Produkte einer potentiellen enzymatischen Reduktion von Cl-MA I bzw. HOBMA entstehen (siehe Abbildung 42).

Obwohl CHPMA kein Metabolit des Chloroprens ist, wurde die Merkaptursäure als Analyt in die Methode einbezogen, da für CHPMA als Metabolit des wichtigen und potentiell krebserzeugenden Arbeitsstoffes Epichlorhydrin bisher keine Untersuchungen zu den Hintergrundgehalten in der

Allgemeinbevölkerung vorliegen. Aufgrund der strukturellen Ähnlichkeit zu den anderen chlorhaltigen Analyten war eine simultane und sensitive Erfassung von CHPMA mit der beschrieben analytischen Methode gut möglich (vergleiche Abschnitt 4.2).

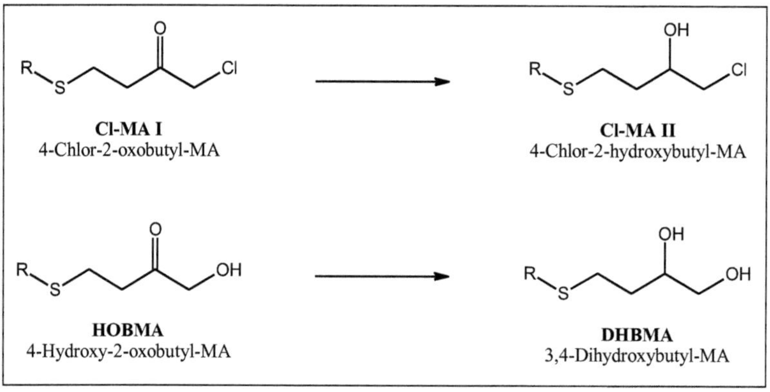

Cl-MA I
4-Chlor-2-oxobutyl-MA

Cl-MA II
4-Chlor-2-hydroxybutyl-MA

HOBMA
4-Hydroxy-2-oxobutyl-MA

DHBMA
3,4-Dihydroxybutyl-MA

Abbildung 42: Potentieller Bildungsweg von Cl-MA II bzw. DHBMA durch enzymatische Reduktion (z. B. durch Alkoholdehydrogenasen) von Cl-MA I bzw. HOBMA.

In Tierversuchen sowie einer arbeitsmedizinischen Studie wurde CHPMA bereits als valider Biomarker für Epichlorhydrin-Expositionen bestätigt [122,123]. Bei beruflich gegenüber Epichlorhydrin exponierten Arbeitern ermittelten de Rooij et al. (1997) [123] CHPMA-Gehalte bis über 1000 µg/L Urin. Im Urin beruflich nicht exponierter Personen wurde CHPMA bisher nicht untersucht. In der vorliegenden Arbeit konnte CHPMA trotz der niedrigen Nachweisgrenze von 2,7 µg/L Urin in keiner der untersuchten Urinproben gefunden werden. Dies war insofern zu erwarten, als ein signifikantes Vorkommen von Epichlorhydrin in der Umwelt nicht bekannt ist (vergleiche Abschnitt 2.1.2). Auch im Urin beruflich gegenüber Chloropren exponierter Personen war CHPMA erwartungsgemäß nicht nachweisbar.

Die Untersuchung im Urin von beruflich gegenüber Chloropren exponierten Personen ergab nachweisbare Gehalte an Cl-MA III in 11 von 14 untersuchten Proben, während Cl-MA I und Cl-MA II nicht gefunden werden konnten. Dagegen waren HOBMA und DHBMA sowohl in der exponierten als auch in der Vergleichsgruppe in allen untersuchten Proben nachweisbar, wobei die Gehalte beider Merkaptursäuren in der exponierten Gruppe signifikant erhöht waren. Die

Bedeutung der gefundenen Gehalte an Cl-MA III, HOBMA und DHBMA wird im Folgenden näher diskutiert.

4.5.2.1 3-Chlor-2-hydroxy-3-butenyl-Merkaptursäure (Cl-MA III)

Die Merkaptursäure Cl-MA III wurde von der Arbeitsgruppe um Munter in *in-vitro*-Versuchen als Metabolit des Chloroprens identifiziert [47,135] und in der vorliegenden Arbeit erstmals im menschlichen Urin in Gehalten von bis zu 25,7 µg/g Kreatinin (Median: 6,1 µg/g Kreatinin) nachgewiesen. Der Nachweis dieser Merkaptursäure ist insofern bedeutungsvoll, als Cl-MA III als chlororganische Verbindung einen sehr spezifischen Chloropren-Metaboliten darstellt, der folglich im Urin beruflich nicht exponierter Personen nicht nachweisbar war.

Vergleicht man die Biotransformation von Chloropren und Butadien, so fällt auf, dass der potentielle Bildungsweg von Cl-MA III analog zu dem der Butadien-Merkaptursäure MHBMA verläuft (siehe Abbildung 43). Der initiale Schritt ist jeweils die Epoxidierung einer der beiden Doppelbindungen, die zur Bildung eines Monoepoxids führt. Die anschließende direkte Konjugation mit körpereigenem Glutathion führt zur Bildung der entsprechenden Merkaptursäure. Somit bestätigt der Nachweis von Cl-MA III indirekt die intermediäre Bildung des Epoxids 1-CEO im menschlichen Chloropren-Metabolismus.

MHBMA wird beim Menschen als Metabolit des Butadiens nur in geringen Anteilen gebildet (vergleiche Abschnitt 4.4.2.5). Ursache ist die hohe hydrolytische Enzymaktivität des Menschen, die eine Hydrolyse des Epoxids gegenüber einer direkten GSH-Konjugation deutlich begünstigt [129-131]. Dies lässt die Vermutung zu, dass 1-CEO beim Menschen ebenfalls nur in geringem Umfang für eine direkte Konjugation mit GSH zur Verfügung steht, wodurch auch Cl-MA III nach Chloprenexposition nur in geringen prozentualen Anteilen ausgeschieden werden sollte. Die Ergebnisse der vorliegenden Arbeit bestätigen diese Annahme, da Cl-MA III zwar als spezifischer Metabolit in der Mehrheit der Urinproben chloprenexponierter Probanden nachweisbar war, aber die Chloropren-Exposition in deutlich höherem Umfang zur Ausscheidung von DHBMA führte (vergleiche Abschnitt 4.5.2.3).

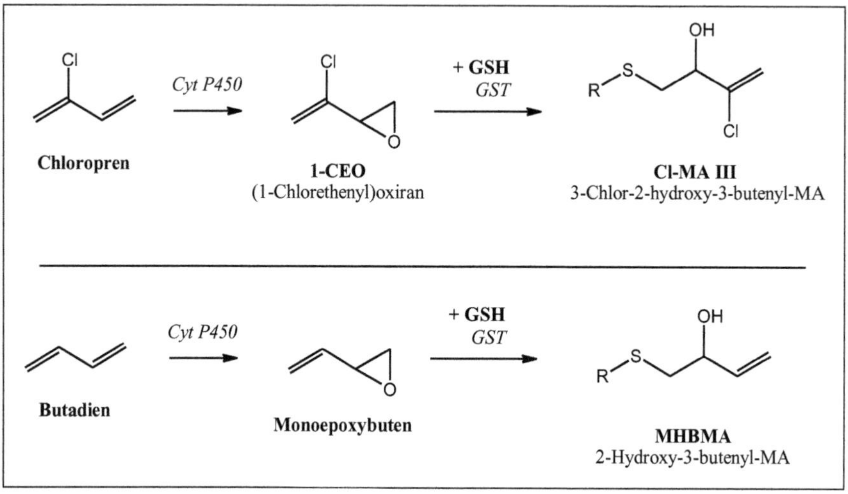

Abbildung 43: Postulierte Bildungsmechanismen der Merkaptursäuren Cl-MA III und MHBMA aus Chloropren bzw. Butadien.

Der Nachweis von Cl-MA III als Chloropren-Metabolit beim Menschen ist insofern schlüssig, als *in-vitro*-Studien über das Vorkommen von Addukten mit analoger 3-Chlor-2-hydroxy-3-butenyl-Struktur berichten, wenn Chloropren mit DNA [44,46,47] oder Hämoglobin [91] inkubiert wird. Bei der Umsetzung von Chloropren mit Lebermikrosomen von Nagetier und Mensch wurde 1-CEO zudem als initiales Hauptprodukt bestätigt [47].

In drei Urinproben der potentiell gegenüber Chloropren exponierten Probanden konnte Cl-MA III indes nicht nachgewiesen werden. Allerdings lagen in diesen Proben auch die DHBMA-Gehalte deutlich unterhalb des Medians dieser Gruppe. Möglicherweise war eine Chloroprenexposition dieser drei Probanden in den Stunden vor der Probenahme nicht gegeben bzw. nur sehr gering oder es lag eine verminderte individuelle Empfindlichkeit gegenüber Chloropren vor (z. B. durch eine geringere Umwandlungsrate zur Epoxidform).

Cl-MA I und Cl-MA II als spezifische (da chlorhaltige) Folgeprodukte von 2-CEO, das nach Epoxidierung der chlortragenden Doppelbindung des Chloroprens entsteht (vergleiche Abbildung 9), konnten in der vorliegenden Arbeit weder in den Urinproben der exponierten Gruppe noch in denen der Vergleichsgruppe nachgewiesen werden. Damit kann eine relevante Bildung des Epoxids 2-CEO im Chloropren-Metabolismus des Menschen bislang nicht bestätigt werden.

4.5.2.2 4-Hydroxy-3-oxobutyl-Merkaptursäure (HOBMA)

Die Merkaptursäure HOBMA wird von Munter et al. [47,135] ebenfalls als Chloropren-Metabolit beschrieben. Sie postulierten, dass 2-CEO nach nucleophiler Substitution des Chlors über das Intermediat Hydroxymethylvinylketon (HMVK) zu HOBMA reagiert. Die Bildung von HMVK als reaktives Zwischenprodukt wird auch beim Butadien-Metabolismus diskutiert und führt zur Hypothese, dass DHBMA teilweise oder ausschließlich aus HOBMA, der Merkaptursäure des HMVK, gebildet wird [136,137,204]. Abbildung 44 zeigt die potentielle Biotransformation von Chloropren bzw. Butadien zu HOBMA und DHBMA.

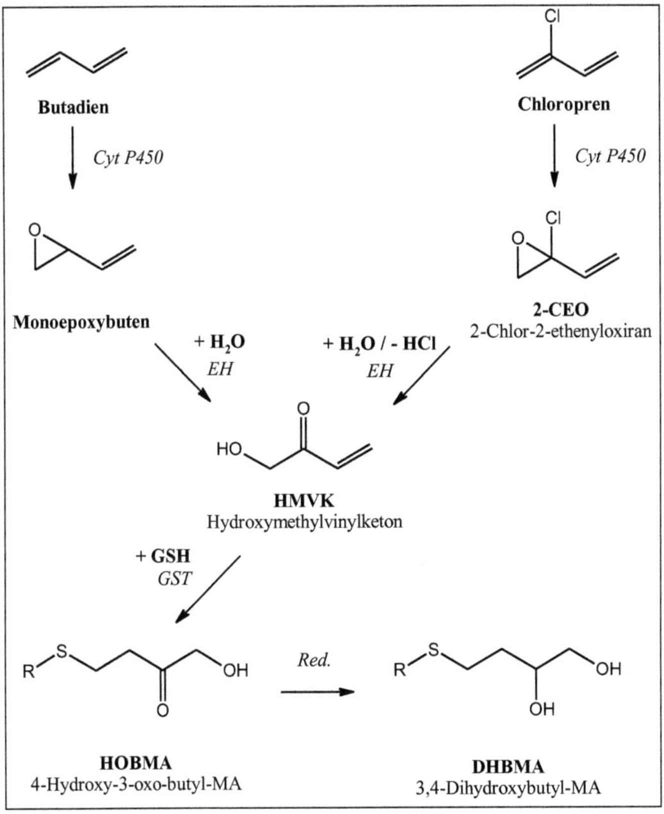

Abbildung 44: Potentielle Biotransformation von Butadien bzw. Chloropren zu den Merkaptursäuren HOBMA und DHBMA nach Sprague und Elfarra (2004) [136], Krause et al. (2001) [137], Barshteyn und Elfarra (2009) [204] sowie Munter et al. (2007) [47].

HOBMA wurde mehrfach als Metabolit des Butadiens beschrieben und im Tierversuch auch bereits bestätigt [136,137,205]. Mit den vorliegenden Untersuchungen konnte diese Merkaptursäure erstmals im menschlichen Urin bestimmt werden, wobei ein Nachweis in allen untersuchten Urinproben möglich war. Mit einem Median von 111 µg/g Kreatinin in der Vergleichsgruppe entsprach die Größenordnung des Hintergrundgehalts von HOBMA in etwa dem der bereits gut untersuchten Butadien-Merkaptursäure DHBMA (Median 179 µg/g Kreatinin). Auffällig war die signifikante Korrelation zwischen den beiden potentiellen Butadien-Merkaptursäuren (siehe Abbildung 40). Unterschiede fanden sich aber in der Einflussstärke einer Tabakrauchexposition. Während die Ausscheidungsrate an DHBMA rauchbedingt signifikant anstieg, zeigte sich bei HOBMA lediglich ein Trend zu höheren Gehalten im Urin von Rauchern. Dementsprechend war die Korrelation beider Merkaptursäuren in der Gruppe der Nichtraucher besonders stark ausgeprägt (vergleiche Abbildung 40). Der deutlich engere Zusammenhang zwischen DHBMA und HOBMA in der nichtrauchenden Kontrollgruppe im Vergleich zur gesamten Vergleichsgruppe weist darauf hin, dass HOBMA gar nicht oder sehr viel geringer durch eine Tabakrauchexposition beeinflusst wird als DHBMA. Allerdings ist eine solche Korrelation mit geringer Probenzahl und in einem schmalen Konzentrationsbereich trotz Signifikanz schwierig zu interpretieren und darf nicht überschätzt werden. Eine gemeinsame Vorläufersubstanz bzw. ein gemeinsamer Bildungsweg von HOBMA und DHBMA, möglicherweise über das reaktive Zwischenprodukt HMVK, wie in Abbildung 44 dargestellt, ist aber zumindest gut denkbar.

In der exponierten Gruppe wurden mit einem Median von 214 µg/g Kreatinin signifikant höhere HOBMA-Gehalte gefunden als in der Vergleichsgruppe. Durch die hohe Streubreite der HOBMA-Gehalte fiel dieser Unterschied in der Ausscheidungsrate beider Gruppen, im Vergleich zu Cl-MA III und DHBMA aber nicht sehr deutlich aus (siehe Boxplot-Darstellung in Abbildung 36). Bemerkenswerter war allerdings der fehlende signifikante Zusammenhang der HOBMA-Gehalte mit den durch die Chloropren-Exposition stark beeinflussten Merkaptursäuren Cl-MA III und DHBMA. Im Zusammenhang mit dem geringen Anstieg des HOBMA-Gehalts in der exponierten Gruppe stellt sich die Frage, ob HOBMA wirklich ein relevanter Metabolit im Chloropren-Metabolismus des Menschen ist. Der in Abbildung 44 postulierte gemeinsame Bildungsweg von HOBMA und DHBMA aus Chloropren ist insofern kritisch zu hinterfragen (siehe auch Abschnitt 4.5.2.3).

4.5.2.3 3,4-Dihydroxybutyl-Merkaptursäure (DHBMA)

Der bekannte Butadien-Metabolit DHBMA wurde wie erwartet in allen untersuchten Urinproben nachgewiesen. In der Vergleichsgruppe lagen die ermittelten Gehalte in einem Bereich zwischen 72 und 523 µg/g Kreatinin (Median: 179 µg/g Kreatinin), wobei bei Rauchern leicht, aber signifikant erhöhte DHBMA-Gehalte gefunden wurden ($p < 0,001$, Mann-Whitney-U-Test). Demgegenüber waren die DHBMA-Gehalte in der exponierten Gruppe mit einem Median von 3255 µg/g Kreatinin und Spitzenwerten bis über 12000 µg/g Kreatinin wesentlich höher. Da die untersuchten Probanden der exponierten Gruppe beruflich zwar Umgang mit Chloropren, nicht aber mit Butadien hatten, können die stark erhöhten DHBMA-Gehalte nur auf die Chloropren-Exposition zurückgeführt werden. Untermauert wird diese Hypothese durch die vorliegende signifikante Korrelation zwischen der spezifischen Chloropren-Merkaptursäure Cl-MA III und DHBMA (siehe Abbildung 37). Trotz der stark unterschiedlichen Konzentrationsbereiche der beiden Analyten und der geringen Anzahl der untersuchten Proben zeigte sich ein enger, linearer Zusammenhang zwischen beiden Metaboliten ($r = 0,918$, $p < 0,001$) mit einem Ausscheidungsverhältnis von Cl-MA III zu DHBMA von ca. 1 : 400. Damit stellt DHBMA nach den vorliegenden Ergebnissen eindeutig den Hauptmetaboliten des Chloroprens beim Menschen. Dieses Ergebnis ist insofern überraschend, als die *in-vitro*-Studien von Munter et al. [47,135] DHBMA als Metaboliten des Chloroprens nicht explizit erwähnen. In ihrem Metabolismusschema taucht lediglich HMVK als reaktives Intermediat auf, das nach GSH-Konjugation zu HOBMA reagiert. Aus HOBMA könnte allerdings durch eine enzymatische Reduktion DHBMA gebildet werden (vergleiche Abbildung 44).

Jedoch fehlt in der exponierten Gruppe der hierfür erwartete Zusammenhang zwischen der Ausscheidungsrate an HOBMA und DHBMA. Ein solcher Zusammenhang ist immer dann zu erwarten, wenn zwei Substanzen aus der gleichen Vorläufersubstanz und zudem über den gleichen Bildungsweg entstehen. Dies führt zur Hypothese, dass DHBMA über einen anderen Metabolisierungsweg aus Chloropren gebildet wird. Abbildung 45 zeigt einen alternativen Biotransformationsweg des Chloroprens, der in der Bildung von DHBMA resultiert, ohne über die Zwischenstufen HMVK und HOBMA zu führen.

Im Unterschied zum bisher postulierten Metabolismusschema (vergleiche Abbildung 44) führt der neu vorgeschlagene Bildungsweg in Abbildung 45 über das Primärprodukt 1-CEO, welches in zahlreichen Untersuchungen als initiales Hauptprodukt des Chloroprens beschrieben wurde [133-135]. Auch aus sterischen Gesichtspunkten ist eine bevorzugte Bildung von 1-CEO als wahrscheinlicher anzusehen. Wie schon in Abschnitt 4.5.2.1 beschrieben, führt die direkte GSH-Konjugation von 1-

CEO zur Bildung der Merkaptursäure Cl-MA III. Da die Hydrolyse des Epoxids beim Menschen aber stark begünstigt ist [129-131], wird aus 1-CEO bevorzugt 3-Chlor-3-buten-1,2-diol entstehen, das an der elektrophilen Doppelbindung (unter Dechlorierung) direkt mit GSH zu DHBMA konjugieren kann. Nach Abbildung 45 ist DHBMA damit als ein Endprodukt der Biotransformation von 1-CEO eingeordnet. Ein solcher Bildungsweg ist durch die vorliegenden Ergebnisse, die DHBMA als Hauptmetaboliten des Chloroprens ausweisen, als wahrscheinlicher anzusehen, als der bisher postulierte (siehe Abbildung 44).

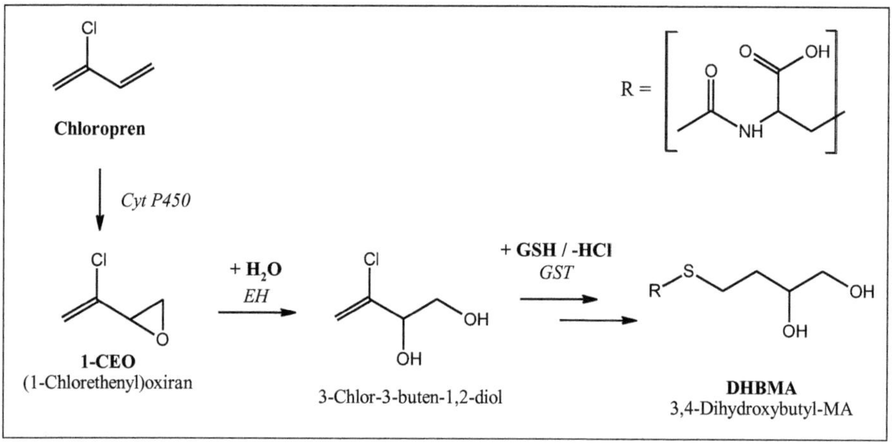

Abbildung 45: Potentieller Bildungsweg von DHBMA aus Chloropren über die Epoxidstufe 1-CEO.

Bei allen bisher postulierten Bildungswegen bleibt allerdings zu klären, auf welchem Weg bzw. über welche Zwischenstufen die Dechlorierung erfolgt. Prinzipiell ist eine Dehalogenierung im menschlichen Fremdstoffwechsel nicht ungewöhnlich und wurde für viele halogenhaltige Gefahrstoffe bereits beschrieben, die wie Vinylchlorid, 1-Brompropan oder andere halogenierte Propane beim Menschen vorrangig zu halogenfreien Metaboliten verstoffwechselt werden [117,158,159,206,207]. Die Dehalogenierung erfolgt dabei zumeist durch nucleophile Substitution bei der Reaktion mit GSH. Es werden aber auch andere Mechanismen postuliert, die z. B. über die intermediäre Bildung von Episulfonium-Ionen verlaufen [208,209]. So hat auch die Arbeitsgruppe um Cotrell (2001) [133] ein Schema zur Umlagerung von 2-CEO vorgeschlagen, das zur Bildung von 1-Chlor-3-buten-2-on sowie unter Dechlorierung zu HMVK führt. Die aus diesen Zwischenstufen resultierenden Merkaptursäuren Cl-MA I und HOBMA konnten in der vorliegenden Arbeit aber nicht eindeutig als Chloropren-Metabolite bestätigt werden. Eine Dechlorierung zu DHBMA ausgehend vom intermediären Epoxid 1-CEO erscheint somit insgesamt wahrscheinlicher.

Aufgrund der Strukturanalogie von Chloropren und Butadien bleibt abschließend die Frage, ob die Bildung von DHBMA aus Butadien tatsächlich über HMVK als Intermediat führt, wie es in der Literatur oft postuliert wird [126,127,129,205,210]. Ein anderes Metabolisierungsschema analog zu dem in Abbildung 45 könnte möglicherweise auch erklären, wieso eine zusätzliche Butadienexposition durch Tabakrauch bei Rauchern zu einem signifikanten Anstieg der DHBMA- nicht jedoch der HOBMA-Ausscheidung führt.

5 ZUSAMMENFASSUNG

Viele alkylierende Verbindungen, die potentiell kanzerogen wirken, werden im großen Umfang und mit steigender Tendenz als Ausgangsstoffe in der industriellen Polymerproduktion eingesetzt. Um das aus einer Exposition gegenüber einem solchem Arbeitsstoff resultierende, gesundheitliche Risiko bewerten zu können, kommt der Bestimmung der inneren Belastung im Rahmen des Humanbiomonitorings eine entscheidende Rolle zu.

In der vorliegenden Arbeit wurden anhand der renalen Ausscheidung von Merkaptursäuren, die als spezifische Metabolite vieler Alkylantien nach Glutathion-Konjugation gebildet werden, Untersuchungen zur Belastungssituation der Allgemeinbevölkerung mit bedeutenden kanzerogenen Gefahrstoffen durchgeführt. Zudem wurden erste Ergebnisse zur Aufklärung des menschlichen Metabolismus mit der kanzerogenen Industriechemikalie 2-Chloropren bei beruflich exponierten Personen gewonnen. Die hierfür benötigten analytischen Methoden zur sensitiven Merkaptursäurebestimmung wurden im Rahmen der vorliegenden Arbeit entwickelt und validiert. Im Einzelnen wurden folgende Resultate erzielt:

1 Zur Bestimmung der Hintergrundgehalte von sechs Merkaptursäuren als Metabolite der kanzerogenen Gefahrstoffe Acrolein (3-HPMA), Butadien (DHBMA und MHBMA), Ethylenoxid (HEMA), Propylenoxid (2-HPMA) und Glycidol (DHPMA) im Urin der Allgemeinbevölkerung gelang es ein valides und praxistaugliches Analysenverfahren zu etablieren. Mit der Methode, die auf einer Anreicherung der Analyten durch externe Festphasenextraktion und anschließender Bestimmung mittels HILIC-ESI-MS/MS beruht, werden Nachweisgrenzen im Bereich von 2,4 µg/L (2-HPMA) bis 5,5 µg/L (DHPMA) erreicht.

2 Mit dem entwickelten Verfahren steht eine Analysenmethode zur Verfügung, die erstmals die Bestimmung von DHPMA (2,3-Dihydroxypropylmerkaptursäure), dem potentiellen Metaboliten des Glycidols im menschlichen Urin ermöglicht. Der DHPMA-Analytstandard wurde durch Eigensynthese hergestellt.

3 Bei der Anwendung der entwickelten Analysenmethode auf Urinproben von 94 Probanden der beruflich nicht exponierten Allgemeinbevölkerung konnten für alle untersuchten Hydroxyalkylmerkaptursäuren Hintergrundgehalte in unterschiedlichen Konzentrationsbereichen ermittelt werden. In der Gruppe der Nichtraucher (n = 54), die als Basis für die Festlegung von Referenzwerten dient, wurden als 95. Perzentil folgende Werte ermittelt:

279 µg DHPMA, 21,7 µg 2-HPMA, 595 µg 3-HPMA, 4,7 µg HEMA, 329 µg DHBMA und < 5,0 µg MHBMA jeweils je g Kreatinin.

4   Als geeignete Biomarker einer Tabakrauchexposition bzw. einer Exposition gegenüber den darin enthaltenen alkylierenden Verbindungen, erwiesen sich die Metaboliten HEMA, 2-HPMA, 3-HPMA, MHBMA und DHBMA, bei denen Rauchen zu einem signifikanten Anstieg der Gehalte im Urin führte ($p < 0{,}005$, Mann-Whitney-U-Test). Der stärkste tabakrauchabhängige Einfluss war für 3-HPMA nachzuweisen, dessen Median in der Rauchergruppe gegenüber dem der Gruppe der Nichtraucher mehr als das Sechsfache betrug. Andere mögliche Einflussfaktoren, wie Geschlecht, Alter, Wohnort und Passivrauchbelastung der Probanden zeigten im Rahmen des durchgeführten Biomonitorings keinen signifikanten Einfluss auf die Gehalte der betrachteten sechs Merkaptursäuren im Nichtraucherurin.

5   Des Weiteren wurde ein Verfahren zur Erfassung der Metabolite der bei der Synthesekautschuk-/Epoxidharzproduktion im Großmaßstab eingesetzten Monomere 2-Chloropren und Epichlorhydrin entwickelt. Die potentiellen Chloropren-Biomarker wurden auf Grundlage der *in-vitro*-Untersuchungen der Arbeitsgruppe um Munter [47,135] ausgewählt und durch Auftragssynthese bereitgestellt. Eine sensitive und zuverlässige Bestimmung der Merkaptursäure des Epichlorhydrins (CHPMA) sowie der potentiellen Merkaptursäuren des Chloroprens (Cl-MA I, Cl-MA II, Cl-MA III, DHBMA und HOBMA) gelang mit einem online-SPE-HPLC-MS/MS-Verfahren, mit dem Nachweisgrenzen im Bereich von 1,4 µg/L (Cl-MA III) bis 4,2 µg/L (HOBMA) erreicht werden.

6   Das Analysenverfahren wurde auf Urinproben von 14 Beschäftigten angewandt, die eine potentielle berufliche Exposition gegenüber Chloropren aufwiesen. Im direkten Vergleich zu einer Kontrollgruppe von 30 Urinproben beruflich nicht exponierter Probanden, konnten in der exponierten Gruppe erhöhte Gehalte der Merkaptursäuren Cl-MA III, HOBMA und DHBMA festgestellt werden. Die potentiellen 2-Chloropren-Biomarker Cl-MA I und Cl-MA II konnten in den untersuchten Proben nicht nachgewiesen werden. HOBMA und DHBMA fanden sich sowohl in der exponierten als auch in der Kontrollgruppe.

7   Die chlorhaltige Merkaptursäure Cl-MA III wurde ausschließlich in Urinproben der beruflich exponierten Gruppe gefunden (Median: 6,1 µg/g Kreatinin). Cl-MA III konnte damit erstmals als spezifischer Chloropren-Metabolit beim Menschen nachgewiesen werden. Dies belegt indirekt die Bildung des Epoxids (1-Chlorethenyl)oxiran (1-CEO) im menschlichen

Metabolismus. Es ist davon auszugehen, dass das krebserzeugende Potential von Chlorpren auf der intermediären Bildung dieser Epoxidverbindungen beruht.

8   Als Hauptmetabolit des Chloroprens wurde die Merkaptursäure DHBMA nachgewiesen, die zum spezifischen Chloroprenmetaboliten Cl-MA III eine ausgeprägte, signifikante Korrelation ($r = 0{,}918$, $p < 0{,}001$) mit einem Ausscheidungsverhältnis (Cl-MA III zu DHBMA) von etwa 1 : 400 aufwies. Der Median der DHBMA-Gehalte in der beruflich gegenüber Chlorpren exponierten Gruppe betrug 3255 µg DHBMA je g Kreatinin und war im Vergleich zur nicht exponierten Kontrollgruppe (179 µg DHBMA je g Kreatinin) um mehr als das 18-fache erhöht.

9   Die ermittelten Ergebnisse ermöglichen weiterführende Aussagen zur Biotransformation des Chloroprens beim Menschen. So erfordert die Bildung von DHBMA einen hydrolytischen Abbauschritt unter Dehalogenierung, der bislang noch nicht sicher in das Metabolismusschema eingeordnet werden kann. Die fehlende Korrelation zwischen den HOBMA- und DHBMA-Gehalten in den Urinproben der exponierten Gruppe weist darauf hin, dass HOBMA im Metabolismus von Chlorpren nicht, wie zunächst angenommen, als Vorläuferverbindung von DHBMA fungiert. Im Rahmen der vorliegenden Arbeit wurde anhand der nachgewiesenen Metabolite ein Vorschlag zur Biotransformation des Chloroprens erarbeitet, dessen Bestätigung durch weiterführende Arbeiten aber noch aussteht.

10 Die auf Basis der *in-vitro*-Untersuchungen von Munter et al. [47,135] als weitere Chlorpren-Metabolite beschriebenen Merkaptursäuren HOBMA, Cl-MA I und Cl-MA II konnten nicht eindeutig als Metabolite des Chloroprens nachgewiesen werden. Die Bildung des Epoxids 2-Chlor-2-ethenyloxiran (2-CEO) im menschlichen Metabolismus lässt sich daher bislang nicht sicher bestätigen.

Zusammenfassend wurden im Rahmen der vorliegenden Arbeit zwei zuverlässige und empfindliche Analysenverfahren zur Erfassung der renalen Ausscheidung von Merkaptursäuren erarbeitet. Auf Basis der entwickelten Analysenverfahren unter Verwendung gezielt synthetisierter potentieller Metabolite konnten zahlreiche neue Biomarker etabliert und erstmalig im Rahmen eines Humanbiomonitorings eingesetzt werden. Zudem konnten wichtige Erkenntnisse zum Chlorpren-Metabolismus beim Menschen gewonnen werden. Die bereits erhaltenen Ergebnisse zum Hintergrundgehalt verschiedener Merkaptursäuren ermöglichen es, die allgemeine Hintergrundbelastung gegenüber beruflichen und außerberuflichen Zusatzbelastungen abzugrenzen. Im Falle des Biomarkers 2-Hydroxypropylmerkaptursäure (2-HPMA) wurden die in dieser Arbeit gewonnenen Erkenntnisse von der Senatskommission zur Prüfung gesundheitsschädlicher

Arbeitsstoffe der Deutschen Forschungsgemeinschaft verwendet, um einen Biologischen Arbeitsstoff-Referenzwert (BAR) für Propylenoxid aufzustellen (DFG, 2011 [63]).

6 SUMMARY

Many alkylating and potentially carcinogenic compounds are used in large quantities and with increasing tendency as raw material in industrial polymer production. The assessment of the individual health risk resulting from exposure to these agents by human biomonitoring is accomplished by the determination of particular metabolites in human body fluids.

The present thesis deals with the determination of mercapturic acids as specific metabolites of miscellaneous alkylating agents in human urine. Firstly, the personal exposure to certain carcinogenic substances was studied by determination of urinary mercapturic acid background levels in the general population. Secondly, initial results to elucidate the human metabolism of 2-chloroprene in occupationally exposed persons were obtained. In addition, the required analytical methods that enable a sensitive and reliable determination of various urinary mercapturic acids were developed and validated.

In particular, the following results were obtained:

1. An analytical method for the simultaneous determination of the mercapturic acids of the carcinogenic substances ethylene oxide (HEMA), propylene oxide (2-HPMA), acrolein (3-HPMA), glycidol (DHPMA) and butadiene (DHBMA and MHBMA) in human urine was successfully developed and validated. The method involves solid phase extraction, HILIC-separation and ESI-MS/MS analysis with detection limits in the range of 2.4 µg/L for 2-HPMA to 5.5 µg/L for DHPMA.

2. The developed method enables, for the first time, the determination of DHPMA (2,3-dihydroxypropyl mercapturic acid), a potential metabolite of glycidol, in human urine. The analytical standard substance of DHPMA was provided by synthesis.

3. The application of the analytical method on urine samples of 94 subjects of the general population revealed background levels of all six hydroxyalkyl mercapturic acids in different concentration ranges. In the group of non-smoking individuals (n = 54), which serves as a basis for the establishment of reference values, the following 95th percentiles were determined: 279, 21.7, 595, 4.7, 329 and < 5.0 µg/g creatinine for DHPMA, 2-HPMA, 3-HPMA, HEMA, DHBMA and MHBMA, respectively.

4. The mercapturic acids HEMA, 2-HPMA, 3-HPMA, DHBMA and MHBMA proved to be suitable biomarkers of exposure to tobacco smoke and accordingly to the therein contained

alkylating compounds since the analyte excretion levels of smokers were significantly higher than those of non-smokers (p < 0.005, Mann-Whitney-U-test). With a six-fold increase of the median concentration level in smokers compared to non-smokers, 3-HPMA showed the strongest effect due to the intake of tobacco smoke. Further possible factors on mercapturic acid excretion as gender, age, place of residence and passive smoking showed no significant influence on urinary analyte levels in non-smokers.

5   Another analytical method was developed for the determination of the urinary metabolites of the chemical agents 2-chloroprene and epichlorohydrin that are widely used as monomers in industrial production of synthetic rubbers and epoxy resins, respectively. The potential biomarkers were selected based on the *in-vitro* studies of Munter et al. [47,135] and were provided by custom synthesis. The successfully developed biomonitoring method allows the determination of CHPMA as mercapturic acid of epichlorohydrin as well as the determination of the potential mercapturic acids of 2-chloroprene (Cl-MA I, Cl-MA II, Cl-MA III, HOBMA, DHBMA). It applies online-SPE-HPLC-MS/MS and proved to be both sensitive and reliable with detection limits ranging from 1.4 µg/L for Cl-MA III to 4.2 µg/L for HOBMA. Herewith, it is possible, for the first time, to determine the biomarkers Cl-MA I, Cl-MA II, Cl-MA III and HOBMA in human biomonitoring studies.

6   The analytical method was applied to urine samples of 14 employees occupationally exposed to 2-chloroprene. In direct comparison to a control group of 30 urine samples of subjects without occupational exposure to alkylating substances, elevated levels of the mercapturic acids Cl-MA III, HOBMA and DHBMA were found in the exposed group. Cl-MA I and Cl-MA II as further potential biomarkers of 2-chloroprene were not detected in any of the samples. HOBMA and DHBMA were both found in all urine samples of the exposed group and the control group.

7   The chlorine-containing mercapturic acid Cl-MA III was found in urine samples of the occupationally exposed group only (median: 6.1 µg/g creatinine) and could thus be confirmed as a specific metabolite of 2-chloroprene in humans. Hence, the intermediate formation of the epoxide (1-chloroethenyl)oxirane (1-CEO) in human metabolism of 2-chloroprene was indirectly confirmed. It is assumed that the carcinogenic potential of 2-chloroprene is mainly based on the formation of reactive epoxides like 1-CEO.

8   The mercapturic acid DHBMA was found to be the main metabolite of 2-chloroprene in humans. DHBMA showed a distinct and significant correlation to Cl-MA III (r = 0.918, p < 0.001), the specific metabolite of 2-chloroprene, with an excretion ratio of Cl-MA III to

DHBMA of approximately 1 : 400. The median level of DHBMA in the occupationally exposed group was more than 18-fold higher compared to the control group (3255 µg/g creatinine vs. 179 µg/g creatinine).

9 The obtained results allow new scientific insights into the course of the biotransformation of 2-chloroprene in humans. Thus, the formation of DHBMA requires a hydrolytic dehalogenation step, that has not been described yet. The non-existing correlation between the concentration levels of HOBMA and DHBMA in the urine samples of the exposed group indicates that HOBMA is not, as first thought, the precursor of DHBMA in human metabolism of 2-chloroprene. In the present thesis, a new biotransformation pathway of 2-chloroprene is proposed. For confirmation, further investigations are still required.

10 The mercapturic acids HOBMA, Cl-MA I and Cl-MA II were described previously in *in-vitro-*experiments as chloroprene metabolites by Munter et al. [47,135]. However, in this work, they could not be unequivocally confirmed as such. As a result, the formation of the epoxide 2-chloro-2-ethenyloxirane (2-CEO) in human metabolism of 2-chloroprene can not be considered as proved.

In summary, two reliable and sensitive human biomonitoring methods for the quantification of urinary mercapturic acids were successfully developed. Various metabolites were specifically synthesized, established as new biomarkers and used in the context of human biomonitoring studies. Thus, the determination of mercapturic acid background levels in human urine as well as exploratory research studies on human chloroprene metabolism was enabled. The obtained results on mercapturic acid background levels render it possible to differentiate between the general background exposure and occupational exposure to several alkylating substances. The German Senate Commission for the Investigation of Health Hazards of Chemical Compounds in the Work Area used the results of the present thesis on background levels of the biomarker 2-HPMA (2-hydroxypropyl mercapturic acid) to establish a biological reference value (BAR – Biologischer Arbeitsstoff-Referenzwert) for propylene oxide (DFG, 2011 [63]).

LITERATUR

1. Hemminki, K., Koskinen, M., Rajaniemi, H., Zhao, C. (2000) DNA adducts, mutations and cancer 2000. *Regulatory Toxicology and Pharmacology*, **32**, 264-275.

2. Eisenbrand, G. und Metzler, M. (2001) *Toxikologie für Maturwissenschaftler und Mediziner - Stoffe, Mechanismen, Prüfverfahren.* Korrigierter Nachdruck der 1. Auflage, Georg Thieme Verlag, Stuttgart.

3. Rundle, A. (2006) Carcinogen-DNA adducts as a biomarker for cancer risk. *Mutation Research*, **600**, 23-36.

4. International Agency for Research on Cancer (IARC) (2004) Tobacco smoke and involuntary smoking. In *IARC Monographs on the Evaluation of Carcinogenic Risks to Humans*, vol. 83.

5. Stevens, J.F. and Maier, C.S. (2008) Acrolein: sources, metabolism, and biomolecular interactions relevant to human health and disease. *Molecular Nutrition and Food Research*, **52**, 7-25.

6. Lieberman, M. and Mapson, L.W. (1964) Genesis and biogenesis of ethylene. *Nature*, **204**, 343-345.

7. Hamlet, C.G., Sadd, P.A., Crews, C., Velisek, J., Baxter, D.E. (2002) Occurrence of 3-chloro-propane-1,2-diol (3-MCPD) and related compounds in foods: A review. *Food Additives and Contaminants*, **19**, 619-631.

8. Weißhaar, R. and Perz, R. (2010) Fatty acid esters of glycidol in refined fats and oils. *European Journal of Lipid Science and Technology*, **112**, 158-165.

9. Haufroid, V. and Lison, D. (2005) Mercapturic acids revisited as biomarkers of exposure to reactive chemicals in occupational toxicology: a minireview. *International Archives of Occupational and Environmental Health*, **78**, 343-354.

10. van Welie, R.T., van Dijck, R.G., Vermeulen, N.P., van Sittert, N.J. (1992) Mercapturic acids, protein adducts, and DNA adducts as biomarkers of electrophilic chemicals. *Critical Reviews in Toxicology*, **22**, 271-306.

11. Arpe, H.-J. (2007) *Industrielle Organische Chemie - Bedeutende Vor- und Zwischenprodukte.* 6. Auflage. WILEY-VCH Verlag, Weinheim.

12. International Agency for Research on Cancer (IARC) (2008) 1,3-Butadiene, ethylene oxide and vinyl halides: 1,3-butadiene. In *IARC Monographs on the Evaluation of Carcinogenic Risks to Humans*, vol. 97, pp. 45-184.

13. International Agency for Research on Cancer (IARC) (1999) Re-evaluation of some organic chemicals, hydrazine and hydrogen peroxide: chloroprene. In *IARC Monographs on the Evaluation of Carcinogenic Risks to Humans*, vol. 71, pp. 227-250.

14. International Agency for Research on Cancer (IARC) (2008) 1,3-Butadiene, ethylene oxide and vinyl halides: ethylene oxide. In *IARC Monographs on the Evaluation of Carcinogenic Risks to Humans*, vol. 97, pp. 185-309.

15. National Toxicology Program (NTP) (2006) Toxicology and carcinogenesis study of glycidol. In *National Toxicology Program*. US Department of Health, vol. 13.

16. European Chemical Substance Information System (ESIS) (2011) Eintrag zu CAS: 556-52-5 (Glycidol). Website: http://esis.jrc.ec.europa.eu/, aufgerufen am 20.07.2011.

17. European Chemical Substance Information System (ESIS) (2011) Eintrag zu CAS: 106-89-8 (Epichlorhydrin). Website http://esis.jrc.ec.europa.eu/, aufgerufen am 20.07.2011.

18. International Agency for Research on Cancer (IARC) (1994) Some industrial chemicals: ethylene. In *IARC Monographs on the Evaluation of Carcinogenic Risks to Humans*, vol. 60, pp. 45-71.

19. International Agency for Research on Cancer (IARC) (1994) Some industrial chemicals: propylene. In *IARC Monographs on the Evaluation of Carcinogenic Risks to Humans*, vol. 60, pp. 161-180.

20. Lynch, J. (2001) Occupational exposure to butadiene, isoprene and chloroprene. *Chemico-Biological Interactions*, **135-136**, 207-214.

21. Lithner, D., Larsson, Å., Dave, G. (2011) Environmental and health hazard ranking and assessment of plastic polymers based on chemical composition. *Science of The Total Environment*, **409**, 3309-3324.

22. International Agency for Research on Cancer (IARC) (1994) Some industrial chemicals: propylene oxide. In *IARC Monographs on the Evaluation of Carcinogenic Risks to Humans*, vol. 60, pp. 181-213.

23. Grant, R.L., Leopold, V., McCant, D., Honeycutt, M. (2007) Spatial and temporal trend evaluation of ambient concentrations of 1,3-butadiene and chloroprene in Texas. *Chemico-Biological Interactions*, **166**, 44-51.

24. World Health Organization (WHO) (2002) Document 43: Acrolein. *Concise International Chemical Assessment*, Geneva.

25. Törnqvist, M., Gustafsson, B., Kautiainen, A., Harms-Ringdahl, M., Granath, F., Ehrenberg, L. (1989) Unsaturated lipids and intestinal bacteria as sources of endogenous production of ethene and ethylene oxide. *Carcinogenesis*, **10**, 39-41.

26. Svensson, K., Olofsson, K., Osterman-Golkar, S. (1991) Alkylation of DNA and hemoglobin in the mouse following exposure to propene and propylene oxide. *Chemico-Biological Interactions*, **78**, 55-66.
27. Bolt, H.M. (1996) Quantification of endogenous carcinogens: The ethylene oxide paradox. *Biochemical Pharmacology*, **52**, 1-5.
28. Filser, J.G., Denk, B., Törnqvist, M., Kessler, W., Ehrenberg, L. (1992) Pharmacokinetics of ethylene in man; body burden with ethylene oxide and hydroxyethylation of hemoglobin due to endogenous and environmental ethylene. *Archives of Toxicology*, **66**, 157-163.
29. Lin, J.-S., Chuang, K.T., Huang, M.-S., Wei, K.-M. (2007) Emission of ethylene oxide during frying of foods in soybean oil. *Food and Chemical Toxicology*, **45**, 568-574.
30. Hecht, S.S., Seow, A., Wang, M., Wang, R., Meng, L., Koh, W.-P., Carmella, S.G., Chen, M., Han, S., Yu, M.C., Yuan, J.-M. (2010) Elevated levels of volatile organic carcinogen and toxicant biomarkers in chinese women who regularly cook at home. *Cancer Epidemiology Biomarkers and Prevention*, **19**, 1185-1192.
31. International Agency for Research on Cancer (IARC) (1995) Dry cleaning, some chlorinated solvents and other industrial chemicals: acrolein. In *IARC monographs on the evaluation of carcinogenic risks to humans*, vol. 63, pp. 337-372.
32. Bauer, R., Cowan, D.A., Crouch, A. (2010) Acrolein in wine: importance of 3-hydroxypropionaldehyde and derivatives in production and detection. *Journal of Agricultural and Food Chemistry*, **58**, 3243-3250.
33. Shields, P.G., Xu, G.X., Blot, W.J., Fraumeni, J.F., Trivers, G.E., Pellizzari, E.D., Qu, Y.H., Gao, Y.T., Harris, C.C. (1995) Mutagens from heated chinese and U.S. cooking oils. *Journal of the National Cancer Institute*, **87**, 836-841.
34. International Agency for Research on Cancer (IARC) (2000) Some industrial chemicals: glycidol. In *IARC Monographs on the Evaluation of Carcinogenic Risks to Humans*, vol. 77, pp. 469-486.
35. International Agency for Research on Cancer (IARC) (1999) Re-evaluation of some organic chemicals, hydrazine and hydrogen peroxide: epichlorohydrin. In *IARC Monographs on the Evaluation of Carcinogenic Risks to Humans*, vol. 71, pp. 603-628.
36. Moir, D., Rickert, W.S., Levasseur, G., Larose, Y., Maertens, R., White, P., Desjardins, S. (2008) A comparison of mainstream and sidestream marijuana and tobacco cigarette smoke produced under two machine smoking conditions. *Chemical Research in Toxicology*, **21**, 494-502.
37. Brunnemann, K.D., Kagan, M.R., Cox, J.E., Hoffmann, D. (1990) Analysis of 1,3-butadiene and other selected gas-phase components in cigarette mainstream and sidestream smoke by gas chromatography-mass selective detection. *Carcinogenesis*, **11**, 1863-1868.

38. Scherer, G., Urban, M., Hagedorn, H.-W., Serafin, R., Feng, S., Kapur, S., Muhammad, R., Jin, Y., Sarkar, M., Roethig, H.-J. (2010) Determination of methyl-, 2-hydroxyethyl- and 2-cyanoethylmercapturic acids as biomarkers of exposure to alkylating agents in cigarette smoke. *Journal of Chromatography B*, **878**, 2520-2528.

39. Persson, K.-A., Berg, S., Törnqvist, M., Scalia-Tomba, G.-P., Ehrenberg, L. (1988) Note on ethene and other low-molecular weight hydrocarbons in environmental tobacco smoke. *Acta Chemica Scaninavica*, **42**, 690-696.

40. Schumacher, J.N., Green, C.R., Best, F.W., Newell, M.P. (1977) Smoke composition. An extensive investigation of the water-soluble portion of cigarette smoke. *Journal of Agricultural Food Chemistry*, **25**, 310-320.

41. International Agency for Research on Cancer (IARC) (1999) Re-evaluation of some organic chemicals, hydrazine and hydrogen peroxide: glycidaldehyd. In *IARC Monographs on the Evaluation of Carcinogenic Risks to Humans*, vol. 71, pp. 1459-1463.

42. Zhao, C., Vodicka, P., Srám, R.J., Hemminki, K. (2000) Human DNA adducts of 1,3-butadiene, an important environmental carcinogen. *Carcinogenesis*, **21**, 107-111.

43. Booth, E.D., Kilgour, J.D., Robinson, S.A., Watson, W.P. (2004) Dose responses for DNA adduct formation in tissues of rats and mice exposed by inhalation to low concentrations of 1,3-[2,3-14C]-butadiene. *Chemico-Biological Interactions*, **147**, 195-211.

44. Wadugu, B.A., Ng, C., Bartley, B.L., Rowe, R.J., Millard, J.T. (2010) DNA interstrand cross-linking activity of (1-chloroethenyl)oxirane, a metabolite of beta-chloroprene. *Chemical Research in Toxicology*, **23**, 235-239.

45. Swenberg, J.A., Koc, H., Upton, P.B., Georguieva, N., Ranasinghe, A., Walker, V.E., Henderson, R. (2001) Using DNA and hemoglobin adducts to improve the risk assessment of butadiene. *Chemico-Biological Interactions*, **135-136**, 387-403.

46. Munter, T., Cottrell, L., Hill, S., Kronberg, L., Watson, W.P., Golding, B.T. (2002) Identification of adducts derived from reactions of (1-chloroethenyl)oxirane with nucleosides and calf thymus DNA. *Chemical Research in Toxicology*, **15**, 1549-1560.

47. Munter, T., Cottrell, L., Ghai, R., Golding, B.T., Watson, W.P. (2007) The metabolism and molecular toxicology of chloroprene. *Chemico-Biological Interactions*, **166**, 323-331.

48. Popp, W., Vahrenholz, C., Przygoda, H., Brauksiepe, A., Goch, S., Muller, G., Schell, C., Norpoth, K. (1994) DNA-protein cross-links and sister chromatid exchange frequencies in lymphocytes and hydroxyethyl mercapturic acid in urine of ethylene oxide-exposed hospital workers. *International Archives of Occupational and Environmental Health*, **66**, 325-332.

49. Segerbäck, D. (1983) Alkylation of DNA and hemoglobin in the mouse following exposure to ethene and ethene oxide. *Chemico-Biological Interactions*, **45**, 139-151.

50. van Sittert, N.J., Boogaard, P.J., Natarajan, A.T., Tates, A.D., Ehrenberg, L.G., Törnqvist, M.A. (2000) Formation of DNA adducts and induction of mutagenic effects in rats following 4 weeks inhalation exposure to ethylene oxide as a basis for cancer risk assessment. *Mutation Research*, **447**, 27-48.

51. Walker, V.E., Fennell, T.R., Boucheron, J.A., Fedtke, N., Ciroussel, F., Swenberg, J.A. (1990) Macromolecular adducts of ethylene oxide: a literature review and a time-course study on the formation of 7-(2-hydroxyethyl) guanine following exposures of rats by inhalation. *Mutation Research*, **233**, 151-164.

52. Albertini, R.J. and Sweeney, L.M. (2007) Propylene oxide: genotoxicity profile of a rodent nasal carcinogen. *Critical Reviews in Toxicology*, **37**, 489-520.

53. Pottenger, L.H., Malley, L.A., Bogdanffy, M.S., Donner, E.M., Upton, P.B., Li, Y., Walker, V.E., Harkema, J.R., Banton, M.I., Swenberg, J.A. (2007) Evaluation of effects from repeated inhalation exposure of F344 rats to high concentrations of propylene. *Toxicological Sciences*, **97**, 336-347.

54. Segal, A., Solomon, J.J., Mukai, F. (1990) In vitro reactions of glycidol with pyrimidine bases in calf thymus DNA. *Cancer Biochemistry and Biophysics*, **11**, 59-67.

55. Hemminki, K., Paasivirta, J., Kurkirinne, T., Virkki, L. (1980) Alkylation products of DNA bases by simple epoxides. *Chemico-Biological Interactions*, **30**, 259-270.

56. Landin, H.H., Segerbäck, D., Damberg, C., Osterman-Golkar, S. (1999) Adducts with haemoglobin and with DNA in epichlorohydrin-exposed rats. *Chemico-Biological Interactions*, **117**, 49-64.

57. Koskinen, M. and Plna, K. (2000) Specific DNA adducts induced by some mono-substituted epoxides in vitro and in vivo. *Chemico-Biological Interactions*, **129**, 209-229.

58. Kolman, A., Chovanec, M., Osterman-Golkar, S. (2002) Genotoxic effects of ethylene oxide, propylene oxide and epichlorohydrin in humans: update review (1990-2001). *Mutation Research*, **512**, 173-194.

59. Noll, D.M., Mason, T.M., Miller, P.S. (2006) Formation and repair of interstrand cross-links in DNA. *Chemical Reviews*, **106**, 277-301.

60. Phillips, D.H. (2005) DNA adducts as markers of exposure and risk. *Mutation Research*, **577**, 284-292.

61. Hemminki, K. (1993) DNA adducts, mutations and cancer. *Carcinogenesis*, **14**, 2007-2012.

62. Leber, A.P. (2001) Human exposures to monomers resulting from consumer contact with polymers. *Chemico-Biological Interactions*, **135-136**, 215-220.

63. Deutsche Forschungsgemeinschaft (DFG) (2011) *MAK- und BAT-Werte-Liste 2011: Maximale Arbeitsplatzkonzentrationen und Biologische Arbeitsstofftoleranzwerte*, Mitteilung 47. Wiley VCH-Verlag, Weinheim.

64. International Agency for Research on Cancer (IARC) (2006) Monographs on the Evaluation of Carcinogenic Risks to Humans. In *Preamble*, Lyon.

65. Csanády, G.A., Denk, B., Pütz, C., Kreuzer, P.E., Kessler, W., Baur, C., Gargas, M.L., Filser, J.G. (2000) A physiological toxicokinetic model for exogenous and endogenous ethylene and ethylene oxide in rat, mouse, and human: formation of 2-hydroxyethyl adducts with hemoglobin and DNA. *Toxicology and Applied Pharmacology*, **165**, 1-26.

66. Ehrenberg, L., Osterman-Golkar, S., Segerbäck, D., Svensson, K., Calleman, C.J. (1977) Evaluation of genetic risks of alkylating agents. III. Alkylation of haemoglobin after metabolic conversion of ethene to ethene oxide in vivo. *Mutation Research*, **45**, 175-184.

67. Deutsche Forschungsgemeinschaft (DFG) (2002) Ethylenoxid. In Greim, H. (ed.), *Gesundheitsschädliche Arbeitsstoffe, Toxikologisch-arbeitsmedizinische Begründung von MAK-Werten*. 34. Lieferung, Wiley-VCH Verlag, Weinheim.

68. Deutsche Forschungsgemeinschaft (DFG) (1993) Ethylen. In Greim, H. (ed.), *Gesundheitsschädliche Arbeitsstoffe, Toxikologisch-arbeitsmedizinische Begründung von MAK-Werten*. 19. Lieferung. Wiley-VCH-Verlag, Weinheim.

69. Mayer, J., Warburton, D., Jeffrey, A.M., Pero, R., Walles, S., Andrews, L., Toor, M., Latriano, L., Wazneh, L., Tang, D., Tsai, W.Y., Kuroda, M., Perera, F. (1991) Biologic markers in ethylene oxide-exposed workers and controls. *Mutation Research*, **248**, 163-176.

70. Tates, A.D., Boogaard, P.J., Darroudi, F., Natarajan, A.T., Caubo, M.E., van Sittert, N.J. (1995) Biological effect monitoring in industrial workers following incidental exposure to high concentrations of ethylene oxide. *Mutation Research*, **329**, 63-77.

71. Bono, R., Vincenti, M., Meineri, V., Pignata, C., Saglia, U., Giachino, O., Scursatone, E. (1999) Formation of N-(2-hydroxyethyl)valine due to exposure to ethylene oxide via tobacco smoke: a risk factor for onset of cancer. *Environmental Research*, **81**, 62-71.

72. Farmer, P.B., Neumann, H.-G., Henschler, D. (1987) Estimation of exposure of man to substances reacting covalently with macromolecules. *Archives of Toxicology*, **60**, 251-260.

73. Deutsche Forschungsgemeinschaft (DFG) (1984) 1,2-Epoxypropan. In Henschler, D. (ed.), *Gesundheitsschädliche Arbeitsstoffe, Toxikologisch-arbeitsmedizinische Begründung von MAK-Werten*. 10. Lieferung. Wiley-VCH Verlag, Weinheim.

74. Boogaard, P.J., Rocchi, P.S.J., Van Sittert, N.J. (1999) Biomonitoring of exposure to ethylene oxide and propylene oxide by determination of hemoglobin adducts: Correlations between airborne exposure and adduct levels. *International Archives of Occupational and Environmental Health*, **72**, 142-150.

75. Filser, J.G., Hutzler, C., Rampf, F., Kessler, W., Faller, T.H., Leibold, E., Pütz, C., Halbach, S., Csanady, G.A. (2008) Concentrations of the propylene metabolite propylene oxide in blood of propylene-exposed rats and humans - a basis for risk assessment. *Toxicological Sciences*, **102**, 219-231.

76. Walker, D.M., Seilkop, S.K., Scott, B.R., Walker, V.E. (2004) HPRT mutant frequencies in splenic T-cells of male F344 rats exposed by inhalation to propylene. *Environmental and Molecular Mutagenesis*, **43**, 265-272.

77. Sinsheimer, J.E., Chen, R., Das, S.K., Hooberman, B.H., Osorio, S., You, Z. (1993) The genotoxicity of enantiomeric aliphatic epoxides. *Mutation Research*, **298**, 197-206.

78. Ehrenberg, L. and Hussain, S. (1981) Genetic toxicity of some important epoxides. *Mutation Research*, **86**, 1-113.

79. Deutsche Forschungsgemeinschaft (DFG) (2000) Glycidol. In Greim, H. (ed.), *Gesundheitsschädliche Arbeitsstoffe, Toxikologisch-arbeitsmedizinische Begründung von MAK-Werten*. 30. Lieferung Wiley-VCH Verlag, Weinheim.

80. Irwin, R.D., Eustis, S.L., Stefanski, S., Haseman, J.K. (1996) Carcinogenicity of glycidol in F344 rats and B6C3F1 mice. *Journal of Applied Toxicology*, **16**, 201-209.

81. Deutsche Forschungsgemeinschaft (DFG) (2003) 1-Chlor-2,3-epoxypropan (Epichlorhydrin). In Greim, H. (ed.), *Gesundheitsschädliche Arbeitsstoffe, Toxikologisch-arbeitsmedizinische Begründung von MAK-Werten*. 36. Lieferung, Wiley-VCH Verlag, Weinheim.

82. Landin, H.H., Grummt, T., Laurent, C., Tates, A. (1997) Monitoring of occupational exposure to epichlorohydrin by genetic effects and hemoglobin adducts. *Mutation Research*, **381**, 217-226.

83. Himmelstein, M.W., Acquavella, J.F., Recio, L., Medinsky, M.A., Bond, J.A. (1997) Toxicology and epidemiology of 1,3-butadiene. *Critical Reviews in Toxicology*, **27**, 1-108.

84. Ammenheuser, M.M., Bechtold, W.E., Abdel-Rahman, S.Z., Rosenblatt, J.I., Hastings-Smith, D.A., Ward, J.B., Jr. (2001) Assessment of 1,3-butadiene exposure in polymer production workers using HPRT mutations in lymphocytes as a biomarker. *Environmental Health Perspectives*, **109**, 1249-1255.

85. Van Sittert, N.J., Megens, H.J., Watson, W.P., Boogaard, P.J. (2000) Biomarkers of exposure to 1,3-butadiene as a basis for cancer risk assessment. *Toxicological Sciences*, **56**, 189-202.

86. Albertini, R.J., Sram, R.J., Vacek, P.M., Lynch, J., Wright, M., Nicklas, J.A., Boogaard, P.J., Henderson, R.F., Swenberg, J.A., Tates, A.D., Ward, J.B. (2001) Biomarkers for assessing occupational exposures to 1,3-butadiene. *Chemico-Biological Interactions*, **135-136**, 429-453.

87. Valentine, R. and Himmelstein, M.W. (2001) Overview of the acute, subchronic, reproductive, developmental and genetic toxicology of [beta]-chloroprene. *Chemico-Biological Interactions*, **135-136**, 81-100.

88. Rickert, A., Hartung, B., Kardel, B., Teloh, J., Daldrup, T. (2011) A fatal intoxication by chloroprene. *Forensic Science International*. doi: 10.1016/ j.forsciint.2011.03.029.

89. Deutsche Forschungsgemeinschaft (DFG) (2001) Chloropren. In Greim, H. (ed.), *Gesundheitsschädliche Arbeitsstoffe, Toxikologisch-arbeitsmedizinische Begründung von MAK-Werten*. 33. Lieferung Wiley-VCH Verlag, Weinheim.

90. Zaridze, D., Bulbulyan, M., Changuina, O., Margaryan, A., Boffetta, P. (2001) Cohort studies of chloroprene-exposed workers in Russia. *Chemico-Biological Interactions*, **135-136**, 487-503.

91. Hurst, H.E. and Ali, M.Y. (2007) Analyses of (1-chloroethenyl)oxirane headspace and hemoglobin N-valine adducts in erythrocytes indicate selective detoxification of (1-chloroethenyl)oxirane enantiomers. *Chemico-Biological Interactions*, **166**, 332-340.

92. Seaman, V.Y., Charles, M.J., Cahill, T.M. (2006) A sensitive method for the quantification of acrolein and other volatile carbonyls in ambient air. *Analytical Chemistry*, **78**, 2405-2412.

93. Perbellini, L., Veronese, N., Princivalle, A. (2002) Mercapturic acids in the biological monitoring of occupational exposure to chemicals. *Journal of Chromatography B*, **781**, 269-290.

94. Petrides, P.E. (2003) Blut. In Löffler, G. und Petrides, P.E. (eds.), *Biochemie und Pathobiochemie*. 7. Auflage, Springer-Verlag, Berlin.

95. Commandeur, J.N.M., Stijntjes, G.J., Vermeulen, N.P.E. (1995) Enzymes and transport systems involved in the formation and disposition of glutathione S-conjugates: Role in bioactivation and detoxication mechanisms of xenobiotics. *Pharmacological Reviews*, **47**, 271-330.

96. Griffith, O.W. and Meister, A. (1979) Glutathione: interorgan translocation, turnover, and metabolism. *Proceedings of the National Academy of Sciences*, **76**, 5606-5610.

97. Meister, A. (1983) Selective Modification of Glutathione Metabolism. *Science*, **220**, 472-477.

98. Mytilineou, C., Kramer, B.C., Yabut, J.A. (2002) Glutathione depletion and oxidative stress. *Parkinsonism and Related Disorders*, **8**, 385-387.

99. Vermeulen, N.P. (1989) Analysis of mercapturic acids as a tool in biotransformation, biomonitoring and toxicological studies. *Trends in Pharmacological Sciences*, **10**, 177-181.

100. Coles, B. (1984) Effects of Modifying Structure on Electrophilic Reactions with Biological Nucleophiles. *Drug Metabolism Reviews*, **15**, 1307-1334.

101. Hayes, J.D., Flanagan, J.U., Jowsey, I.R. (2005) Glutathione transferases. *Annual Review of Pharmacology and Toxicology*, **45**, 51-88.

102. Hayes, J.D. and Strange, R.C. (2000) Glutathione S-transferase polymorphisms and their biological consequences. *Pharmacology*, **61**, 154-166.

103. Müller, M., Krämer, A., Angerer, J., Hallier, E. (1998) Ethylene oxide-protein adduct formation in humans: influence of glutathione-S-transferase polymorphisms. *International Archives of Occupational and Environmental Health*, **71**, 499-502.

104. Hinchman, C.A. and Ballatori, N. (1994) Glutathione conjugation and conversion to mercapturic acids can occur as an intrahepatic process. *Journal of Toxicology and Environmental Health*, **41**, 387-409.

105. Strange, R.C., Jones, P.W., Fryer, A.A. (2000) Glutathione S-transferase: genetics and role in toxicology. *Toxicology Letters*, **112-113**, 357-363.

106. Wormhoudt, L.W., Commandeur, J.N.M., Vermeulen, N.P.E. (1999) Genetic Polymorphisms of Human N-Acetyltransferase, Cytochrome P450, Glutathione-S-Transferase, and Epoxide Hydrolase Enzymes: Relevance to Xenobiotic Metabolism and Toxicity. *Critical Reviews in Toxicology*, **29**, 59-124.

107. Haufroid, V., Merz, B., Hofmann, A., Tschopp, A., Lison, D., Hotz, P. (2007) Exposure to ethylene oxide in hospitals: biological monitoring and influence of glutathione S-transferase and epoxide hydrolase polymorphisms. *Cancer Epidemiology Biomarkers and Prevention*, **16**, 796-802.

108. Yong, L.C., Schulte, P.A., Wiencke, J.K., Boeniger, M.F., Connally, L.B., Walker, J.T., Whelan, E.A., Ward, E.M. (2001) Hemoglobin adducts and sister chromatid exchanges in hospital workers exposed to ethylene oxide: effects of glutathione S-transferase T1 and M1 genotypes. *Cancer Epidemiology Biomarkers and Prevention*, **10**, 539-550.

109. Hallier, E., Langhof, T., Dannappel, D., Leutbecher, M., Schröder, K., Goergens, H.W., Müller, A., Bolt, H.M. (1993) Polymorphism of glutathione conjugation of methyl bromide, ethylene oxide and dichloromethane in human blood: Influence on the induction of sister chromatid exchanges (SCE) in lymphocytes. *Archives of Toxicology*, **67**, 173-178.

110. Tardif, R., Goyal, R., Brodeur, J., Gérin, M. (1987) Species differences in the urinary disposition of some metabolites of ethylene oxide. *Fundamental and Applied Toxicology*, **9**, 448-453.

111. Deutsche Forschungsgemeinschaft (DFG) (1984) Ethylenoxid. In Henschler, D. (ed.), *Gesundheitsschädliche Arbeitsstoffe, Toxikologisch-arbeitsmedizinische Begründung von MAK-Werten*. 10. Lieferung, Wiley-VCH Verlag, Weinheim.

112. Deutsche Forschungsgemeinschaft (DFG) (2003) Propylenoxid. In Greim, H. (ed.), *Gesundheitsschädliche Arbeitsstoffe, Toxikologisch-arbeitsmedizinische Begründung von MAK-Werten*. 37. Lieferung, Wiley-VCH Verlag, Weinheim.

113. Schettgen, T., Broding, H.C., Angerer, J., Drexler, H. (2002) Hemoglobin adducts of ethylene oxide, propylene oxide, acrylonitrile and acrylamide-biomarkers in occupational and environmental medicine. *Toxicology Letters*, **134**, 65-70.

114. Shin, H.S. and Ahn, H.S. (2006) Determination of the propylene oxide-hemoglobin adduct by gas chromatography-electron impact ionization mass spectrometry. *Journal of Mass Spectrometry*, **41**, 802-809.

115. Schettgen, T., Müller, J., Fromme, H., Angerer, J. (2010) Simultaneous quantification of haemoglobin adducts of ethylene oxide, propylene oxide, acrylonitrile, acrylamide and glycidamide in human blood by isotope-dilution GC/NCI-MS/MS. *Journal of Chromatography B*, **878**, 2467-2473.

116. Nomeir, A.A., Silveira, D.M., Ferrala, N.F., Markham, P.M., McComish, M.F., Ghanayem, B.I., Chadwick, M. (1995) Comparative disposition of 2,3-epoxy-1-propanol (glycidol) in rats following oral and intravenous administration. *Journal of Toxicology and Environmental Health*, **44**, 203-217.

117. Jones, A.R. (1975) The metabolism of 3-chloro-, 3-bromo- and 3-iodopropan-1,2-diol in rats and mice. *Xenobiotica*, **5**, 155-165.

118. Patel, J.M., Wood, J.C., Leibman, K.C. (1980) The biotransformation of allyl alcohol and acrolein in rat liver and lung preparations. *Drug Metabolism and Disposition*, **8**, 305-308.

119. Gingell, R., Mitschke, H.R., Dzidic, I. (1985) Disposition and metabolism of [2-14C]epichlorohydrin after oral administration to rats. *Drug Metabolism and Disposition*, **13**, 333-341.

120. Landin, H.H., Osterman-Golkar, S., Zorcec, V., Törnqvist, M. (1996) Biomonitoring of epichlorohydrin by hemoglobin adducts. *Analytical Biochemistry*, **240**, 1-6.

121. Bader, M., Rosenberger, W., Gutzki, F.-M., Tsikas, D. (2009) Quantification of N-(3-chloro-2-hydroxypropyl)valine in human haemoglobin as a biomarker of epichlorohydrin exposure by gas chromatography-tandem mass spectrometry with stable-isotope dilution. *Journal of Chromatography B*, **877**, 1402-1415.

122. De Rooij, B.M., Commandeur, J.N., Ramcharan, J.R., Schuilenburg, H.C., Van Baar, B.L., Vermeulen, N.P. (1996) Identification and quantitative determination of 3-chloro-2-hydroxypropylmercapturic acid and alpha-chlorohydrin in urine of rats treated with epichlorohydrin. *Journal of Chromatography B*, **685**, 241-250.

123. De Rooij, B.M., Boogaard, P.J., Commandeur, J.N.M., Vermeulen, N.P.E. (1997) 3-Chloro-2-hydroxypropylmercapturic acid and [alpha]-chlorohydrin as biomarkers of occupational exposure to epichlorohydrin. *Environmental Toxicology and Pharmacology*, **3**, 175-185.

124. Rydberg, P., Magnusson, A.-L., Zorcec, V., Granath, F., Törnqvist, M. (1996) Adducts to N-terminal valines in hemoglobin from butadiene metabolites. *Chemico-Biological Interactions*, **101**, 193-205.

125. Pérez, H.L., Lähdetie, J., Landin, H.H., Kilpeläinen, I., Koivisto, P., Peltonen, K., Osterman-Golkar, S. (1997) Haemoglobin adducts of epoxybutanediol from exposure to 1,3-butadiene or butadiene epoxides. *Chemico-Biological Interactions*, **105**, 181-198.

126. Richardson, K., Peters, M., Wong, B., Megens, R., van Elburg, P., Booth, E., Boogaard, P., Bond, J., Medinsky, M., Watson, W., van Sittert, N. (1999) Quantitative and qualitative differences in the metabolism of 14C-1,3- butadiene in rats and mice: relevance to cancer susceptibility. *Toxicological Sciences*, **49**, 186-201.

127. Sabourin, P.J., Burka, L.T., Bechtold, W.E., Dahl, A.R., Hoover, M.D., Chang, I.Y., Henderson, R.F. (1992) Species differences in urinary butadiene metabolites; identification of 1,2-dihydroxy-4-(N-acetylcysteinyl)butane, a novel metabolite of butadiene. *Carcinogenesis*, **13**, 1633-1638.

128. Urban, M., Gilch, G., Schepers, G., van Miert, E., Scherer, G. (2003) Determination of the major mercapturic acids of 1,3-butadiene in human and rat urine using liquid chromatography with tandem mass spectrometry. *Journal of Chromatography B*, **796**, 131-140.

129. Bechtold, W.E., Strunk, M.R., Chang, I.Y., Ward, J.B., Jr., Henderson, R.F. (1994) Species differences in urinary butadiene metabolites: comparisons of metabolite ratios between mice, rats, and humans. *Toxicology and Applied Pharmacology*, **127**, 44-49.

130. Henderson, R.F., Thornton-Manning, J.R., Bechtold, W.E., Dahl, A.R. (1996) Metabolism of 1,3-butadiene: species differences. *Toxicology*, **113**, 17-22.

131. Boogaard, P.J., van Sittert, N.J., Megens, H.J.J.J. (2001) Urinary metabolites and haemoglobin adducts as biomarkers of exposure to 1,3-butadiene: a basis for 1,3-butadiene cancer risk assessment. *Chemico-Biological Interactions*, **135-136**, 695-701.

132. Summer, K.-H. and Greim, H. (1980) Detoxification of chloroprene (2-chloro-1,3-butadiene) with glutathione in the rat. *Biochemical and Biophysical Research Communications*, **96**, 566-573.

133. Cottrell, L., Golding, B.T., Munter, T., Watson, W.P. (2001) In vitro metabolism of chloroprene: species differences, epoxide stereochemistry and a de-chlorination pathway. *Chemical Research in Toxicology*, **14**, 1552-1562.

134. Himmelstein, M.W., Carpenter, S.C., Hinderliter, P.M., Snow, T.A., Valentine, R. (2001) The metabolism of beta-chloroprene: Preliminary in-vitro studies using liver microsomes. *Chemico-Biological Interactions*, **135-136**, 267-284.

135. Munter, T., Cottrell, L., Golding, B.T., Watson, W.P. (2003) Detoxication pathways involving glutathione and epoxide hydrolase in the in vitro metabolism of chloroprene. *Chemical Research in Toxicology*, **16**, 1287-1297.

136. Sprague, C.L. and Elfarra, A.A. (2004) Mercapturic acid urinary metabolites of 3-butene-1,2-diol as in vivo evidence for the formation of hydroxymethylvinyl ketone in mice and rats. *Chemical Research in Toxicology*, **17**, 819-826.

137. Krause, R.J., Kemper, R.A., Elfarra, A.A. (2001) Hydroxymethylvinyl ketone: a reactive Michael acceptor formed by the oxidation of 3-butene-1,2-diol by cDNA-expressed human cytochrome P450s and mouse, rat, and human liver microsomes. *Chemical Research in Toxicology*, **14**, 1590-1595.

138. Parent, R.A., Caravello, H.E., Sharp, D.E. (1996) Metabolism and distribution of [2,3-14C]acrolein in Sprague-Dawley rats. *Journal of Applied Toxicology*, **16**, 449-457.

139. Parent, R.A., Paust, D.E., Schrimpf, M.K., Talaat, R.E., Doane, R.A., Caravello, H.E., Lee, S.J., Sharp, D.E. (1998) Metabolism and distribution of [2,3-14C]acrolein in Sprague-Dawley rats: II. Identification of urinary and fecal metabolites. *Toxicological Sciences*, **43**, 110-120.

140. Linhart, I., Frantik, E., Vodickova, L., Vosmanska, M., Smejkal, J., Mitera, J. (1996) Biotransformation of acrolein in rat: excretion of mercapturic acids after inhalation and intraperitoneal injection. *Toxicology and Applied Pharmacology*, **136**, 155-160.

141. Sanduja, R., Ansari, G.A., Boor, P.J. (1989) 3-Hydroxypropylmercapturic acid: a biologic marker of exposure to allylic and related compounds. *Journal of Applied Toxicology*, **9**, 235-238.

142. Kautiainen, A., Törnqvist, M., Svensson, K., Osterman-Golkar, S. (1989) Adducts of malonaldehyde and a few other aldehydes to hemoglobin. *Carcinogenesis*, **10**, 2123-2130.

143. Hoberman, H.D. and San George, R.C. (1988) Reaction of tobacco smoke aldehydes with human hemoglobin. *Journal of Biochemical Toxicology*, **3**, 105-119.

144. Silins, I. and Högberg, J. (2011) Combined Toxic Exposures and Human Health: Biomarkers of Exposure and Effect. *International Journal of Environmental Research and Public Health*, **8**, 629-647.

145. Umweltbundesamt (1996) Human-Biomonitoring: Definitionen, Möglichkeiten und Voraussetzungen. *Bundesgesundheitsblatt*, **39**, 213-214.

146. Umweltbundesamt (2006) Empfehlungen zum Einsatz von Human-Biomonitoring bei einer stör- oder unfallbedingten Freisetzung von Chemikalien mit Exposition der Bevölkerung. *Bundesgesundheitsblatt*, **49**, 704-712.

147. Angerer, J., Ewers, U., Wilhelm, M. (2007) Human biomonitoring: State of the art. *International Journal of Hygiene and Environmental Health*, **210**, 201-228.

148. Hecht, S.S. (2002) Human urinary carcinogen metabolites: biomarkers for investigating tobacco and cancer. *Carcinogenesis*, **23**, 907-922.

149. Kurtz, A. (2003) Funktion der Nieren und Regulation des Wasser- und Elektrolythaushaltes. In Löffler, G. und Petrides, P.E. (eds.), *Biochemie und Pathobiochemie*. 7. Auflage, Springer-Verlag, Berlin.

150. Barr, D.B., Wilder, L.C., Caudill, S.P., Gonzalez, A.J., Needham, L.L., Pirkle, J.L. (2005) Urinary creatinine concentrations in the U.S. population: Implications for urinary biologic monitoring measurements. *Environmental Health Perspectives*, **113**, 192-200.

151. Warrack, B.M., Hnatyshyn, S., Ott, K.-H., Reily, M.D., Sanders, M., Zhang, H., Drexler, D.M. (2009) Normalization strategies for metabonomic analysis of urine samples. *Journal of Chromatography B*, **877**, 547-552.

152. Ryan, D., Robards, K., Prenzler, P.D., Kendall, M. (2011) Recent and potential developments in the analysis of urine: a review. *Analytica Chimica Acta*, **684**, 17-29.

153. Heavner, D.L., Morgan, W.T., Sears, S.B., Richardson, J.D., Byrd, G.D., Ogden, M.W. (2006) Effect of creatinine and specific gravity normalization techniques on xenobiotic biomarkers in smokers' spot and 24-h urines. *Journal of Pharmaceutical and Biomedical Analysis*, **40**, 928-942.

154. Ramu, K., Fraiser, L.H., Mamiya, B., Ahmed, T., Kehrer, J.P. (1995) Acrolein mercapturates: synthesis, characterization, and assessment of their role in the bladder toxicity of cyclophosphamide. *Chemical Research in Toxicology*, **8**, 515-524.

155. De Rooij, B.M., Commandeur, J.N.M., Groot, E.J., Boogaard, P.J., Vermeulen, N.P.E. (1996) Biotransformation of allyl chloride in the rat: influence of inducers on the urinary metabolic profile. *Drug Metabolism and Disposition*, **24**, 765-772.

156. Vermeulen, N.P.E., Jong, J., Bergen, E.J.C., Welie, R.T.H. (1989) N-acetyl-S-(2-hydroxyethyl)-L-cysteine as a potential tool in biological monitoring studies? *Archives of Toxicology*, **63**, 173-184.

157. van Bladeren, P.J., Delbressine, L.P., Hoogeterp, J.J., Beaumont, A.H., Breimer, D.D., Seutter-Berlage, F., van der Gen, A. (1981) Formation of mercapturic acids from acrylonitrile, crotononitrile, and cinnamonitrile by direct conjugation and via an intermediate oxidation process. *Drug Metabolism and Disposition*, **9**, 246-249.

158. Barnsley, E.A. (1966) The formation of 2-hydroxypropylmercapturic acid from 1-halogenopropanes in the rat. *Biochemical Journal*, **100**, 362-372.

159. Garner, C.E., Sumner, S.C.J., Davis, J.G., Burgess, J.P., Yueh, Y., Demeter, J., Zhan, Q., Valentine, J., Jeffcoat, A.R., Burka, L.T., Mathews, J.M. (2006) Metabolism and disposition of 1-bromopropane in rats and mice following inhalation or intravenous administration. *Toxicology and Applied Pharmacology*, **215**, 23-36.

160. James, S.P., Pue, M.A., Richards, D.H. (1981) Metabolism of 1,3-dibromopropane. *Toxicology Letters*, **8**, 7-15.

161. Weber, G.L., Steenwyk, R.C., Nelson, S.D., Pearson, P.G. (1995) Identification of N-acetylcysteine conjugates of 1,2-dibromo-3-chloropropane: evidence for cytochrome P450 and glutathione mediated bioactivation pathways. *Chemical Research in Toxicology,* **8,** 560-573.

162. Jones, A.R., Bashir, A.A., Low, S.J. (1974) The comparative metabolism of 3-bromopropane-1,2-diol and 3-bromopropanol in the rat. *Experientia,* **30,** 1238-1239.

163. Calafat, A.M., Barr, D.B., Pirkle, J.L., Ashley, D.L. (1999) Reference range concentrations of N-acetyl-S-(2-hydroxyethyl)-L-cysteine, a common metabolite of several volatile organic compounds, in the urine of adults in the United States. *Journal of Exposure and Analytical Environmental Epidemiology,* **9,** 336-342.

164. Carmella, S.G., Chen, M., Zhang, Y., Zhang, S., Hatsukami, D.K., Hecht, S.S. (2007) Quantitation of acrolein-derived (3-hydroxypropyl)mercapturic acid in human urine by liquid chromatography-atmospheric pressure chemical ionization tandem mass spectrometry: effects of cigarette smoking. *Chemical Research in Toxicology,* **20,** 986-990.

165. Wagner, S., Scholz, K., Sieber, M., Kellert, M., Völkel, W. (2007) Tools in metabonomics: an integrated validation approach for LC-MS metabolic profiling of mercapturic acids in human urine. *Analytical Chemistry,* **79,** 2918-2926.

166. Ding, Y.S., Blount, B.C., Valentin-Blasini, L., Applewhite, H.S., Xia, Y., Watson, C.H., Ashley, D.L. (2009) Simultaneous determination of six mercapturic acid metabolites of volatile organic compounds in human urine. *Chemical Research in Toxicology,* **22,** 1018-1025.

167. Carmella, S.G., Chen, M., Han, S., Briggs, A., Jensen, J., Hatsukami, D.K., Hecht, S.S. (2009) Effects of smoking cessation on eight urinary tobacco carcinogen and toxicant biomarkers. *Chemical Research in Toxicology,* **22,** 734-741.

168. Schettgen, T., Musiol, A., Kraus, T. (2008) Simultaneous determination of mercapturic acids derived from ethylene oxide (HEMA), propylene oxide (2-HPMA), acrolein (3-HPMA), acrylamide (AAMA) and N,N-dimethylformamide (AMCC) in human urine using liquid chromatography/tandem mass spectrometry. *Rapid Communications in Mass Spectrometry,* **22,** 2629-2638.

169. Scholz, K., Dekant, W., Völkel, W., Pähler, A. (2005) Rapid detection and identification of N-acetyl-L-cysteine thioethers using constant neutral loss and theoretical multiple reaction monitoring combined with enhanced product-ion scans on a linear ion trap mass spectrometer. *Journal of the American Society for Mass Spectrometry,* **16,** 1976-1984.

170. DIN 32645 (1994) *Deutsche Industrie-Norm 32645 Nachweis-, Erfassungs- und Bestimmungsgrenze.* Beuth Verlag, Berlin.

171. Müller, M. (2003) Cotinine. In Angerer, J. und Schaller, K.H. (eds.), *Analyses of Hazardous Substances in Biological Materials.* 8. Band, Wiley-VCH-Verlag, Weinheim, pp. 53-65.

172. Larsen, K. (1972) Creatinine assay by a reaction-kinetic principle. *Clinica Chimica Acta*, **41**, 209-217.

173. World Health Organization (WHO) (1996) *Biological Monitoring of Chemical Exposure in the Workplace.* World Health Organization, Geneva.

174. Hornung, R.W. and Reed, L.D. (1990) Estimation of average concentration in the presence of nondetectable values. *Applied Occupational and Environmental Hygiene*, **5**, 46-51.

175. Scherer, G. and Urban, M. (2010) S-(3-Hydroxypropyl)mercapturic acid (HPMA). In Angerer, J. (ed.), *The MAK-Collection for Occupational Health and Safety, Part IV: Biomonitoring Methods.* 12. Band, Wiley-VCH-Verlag, Weinheim, pp. 281-300.

176. Kopp, E.K., Sieber, M., Kellert, M., Dekant, W. (2008) Rapid and sensitive HILIC-ESI-MS/MS quantitation of polar metabolites of acrylamide in human urine using column switching with an online trap column. *Journal of Agricultural and Food Chemistry*, **56**, 9828-9834.

177. Hsieh, Y. (2008) Potential of HILIC-MS in quantitative bioanalysis of drugs and drug metabolites. *Journal of Separation Science*, **31**, 1481-1491.

178. Qin, F., Zhao, Y.Y., Sawyer, M.B., Li, X.-F. (2008) Column-switching reversed phase-hydrophilic interaction liquid chromatography/tandem mass spectrometry method for determination of free estrogens and their conjugates in river water. *Analytica Chimica Acta*, **627**, 91-98.

179. Hemström, P. and Irgum, K. (2006) Hydrophilic interaction chromatography. *Journal of Separation Science*, **29**, 1784-1821.

180. Nguyen, H.P. and Schug, K.A. (2008) The advantages of ESI-MS detection in conjunction with HILIC mode separations: Fundamentals and applications. *Journal of Separation Science*, **31**, 1465-1480.

181. Boersema, P., Mohammed, S., Heck, A. (2008) Hydrophilic interaction liquid chromatography (HILIC) in proteomics. *Analytical and Bioanalytical Chemistry*, **391**, 151-159.

182. Jian, W., Edom, R.W., Xu, Y., Weng, N. (2010) Recent advances in application of hydrophilic interaction chromatography for quantitative bioanalysis. *Journal of Separation Science*, **33**, 681-697.

183. Spagou, K., Wilson, I.D., Masson, P., Theodoridis, G., Raikos, N., Coen, M., Holmes, E., Lindon, J.C., Plumb, R.S., Nicholson, J.K., Want, E.J. (2011) HILIC-UPLC-MS for exploratory urinary metabolic profiling in toxicological studies. *Analytical Chemistry*, **83**, 382-390.

184. Guo, Y. and Gaiki, S. (2005) Retention behavior of small polar compounds on polar stationary phases in hydrophilic interaction chromatography. *Journal of Chromatography A*, **1074**, 71-80.

185. Gonzalez-Reche, L., Schettgen, T., Angerer, J. (2003) New approaches to the metabolism of xylenes: verification of the formation of phenylmercapturic acid metabolites of xylenes. *Archives of Toxicology*, **77**, 80-85.

186. Zielinska-Danch, W., Wardas, W., Sobczak, A., Szoltysek-Boldys, I. (2007) Estimation of urinary cotinine cut-off points distinguishing non-smokers, passive and active smokers. *Biomarkers*, **12**, 484-496.

187. Roethig, H.J., Munjal, S., Feng, S., Liang, Q., Sarkar, M., Walk, R.-A., Mendes, P.E. (2009) Population estimates for biomarkers of exposure to cigarette smoke in adult U.S. cigarette smokers. *Nicotine and Tobacco Research*, **11**, 1216-1225.

188. Shepperd, C.J., Eldridge, A.C., Mariner, D.C., McEwan, M., Errington, G., Dixon, M. (2009) A study to estimate and correlate cigarette smoke exposure in smokers in Germany as determined by filter analysis and biomarkers of exposure. *Regulatory Toxicology and Pharmacology*, **55**, 97-109.

189. Scherer, G., Engl, J., Urban, M., Gilch, G., Janket, D., Riedel, K. (2007) Relationship between machine-derived smoke yields and biomarkers in cigarette smokers in Germany. *Regulatory Toxicology and Pharmacology*, **47**, 171-183.

190. Mascher, D.G., Mascher, H.J., Scherer, G., Schmid, E.R. (2001) High-performance liquid chromatographic-tandem mass spectrometric determination of 3-hydroxypropylmercapturic acid in human urine. *Journal of Chromatography B*, **750**, 163-169.

191. Schettgen, T., Musiol, A., Alt, A., Ochsmann, E., Kraus, T. (2009) A method for the quantification of biomarkers of exposure to acrylonitrile and 1,3-butadiene in human urine by column-switching liquid chromatography-tandem mass spectrometry. *Analytical and Bioanalytical Chemistry*, **393**, 961-989.

192. Carrieri, M., Bartolucci, G.B., Livieri, M., Paci, E., Pigini, D., Sisto, R., Corsetti, F., Tranfo, G. (2009) Quantitative determination of the 1,3-butadiene urinary metabolite 1,2-dihydroxybutyl mercapturic acid by high-performance liquid chromatography/ tandem mass spectrometry using polynomial calibration curves. *Journal of Chromatography B*, **877**, 1388-1393.

193. Fustinoni, S., Perbellini, L., Soleo, L., Manno, M., Foa, V. (2004) Biological monitoring in occupational exposure to low levels of 1,3-butadiene. *Toxicology Letters*, **149**, 353-360.

194. Ishidao, T., Kunugita, N., Fueta, Y., Arashidani, K., Hori, H. (2002) Effects of inhaled 1-bromopropane vapor on rat metabolism. *Toxicology Letters*, **134**, 237-243.

195. El Ramy, R., Ould Elhkim, M., Lezmi, S., Poul, J.M. (2007) Evaluation of the genotoxic potential of 3-monochloropropane-1,2-diol (3-MCPD) and its metabolites, glycidol and

beta-chlorolactic acid, using the single cell gel/comet assay. *Food and Chemical Toxicology*, **45**, 41-48.

196. Jones, A.R. and O'Brien, R.W. (1980) Metabolism of three active analogues of the male antifertility agent alpha-chlorohydrin in the rat. *Xenobiotica*, **10**, 365-370.

197. Velisek, J., Davidek, J., Hajslova, J., Kubelka, V., Janicek, G., Mankova, B. (1978) Chlorohydrins in protein hydrolysates. *Zeitschrift für Lebensmitteluntersuchung und - Forschung A*, **167**, 241-244.

198. Breitling-Utzmann, C.M., Köbler, H., Harbolzheimer, D., Maier, A. (2003) 3-MCPD - occurrence in bread crust and various food groups as well as formation in toast. *Deutsche Lebensmittel-Rundschau*, **99**, 280-285.

199. Kuntzer, J. and Weißhaar, R. (2006) The smoking process - a potent source of 3-chloropropane-1,2-diol (3-MCPD) in meat products. *Deutsche Lebensmittel-Rundschau*, **102**, 397-400.

200. Zelinkova, Z., Svejkovska, B., Velisek, J., Dolezal, M. (2006) Fatty acid esters of 3-chloropropane-1,2-diol in edible oils. *Food Additives and Contaminants*, **23**, 1290-1298.

201. Svejkovska, B., Dolezal, M., Velisek, J. (2006) Formation and decomposition of 3-chloropropane-1,2-diol esters in models simulating processed foods. *Czech Journal of Food Sciences*, **24**, 172-179.

202. Smith, T.J., Lin, Y.-S., Mezzetti, M., Bois, F.Y., Kelsey, K., Ibrahim, J. (2001) Genetic and dietary factors affecting human metabolism of 1,3-butadiene. *Chemico-Biological Interactions*, **135-136**, 407-428.

203. Elfarra, A.A., Sharer, J.E., Duescher, R.J. (1995) Synthesis and characterization of N-acetyl-L-cysteine S-conjugates of butadiene monoxide and their detection and quantitation in urine of rats and mice given butadiene monoxide. *Chemical Research in Toxicology*, **8**, 68-76.

204. Barshteyn, N. and Elfarra, A.A. (2009) Formation of mono- and bis-Michael adducts by the reaction of nucleophilic amino acids with hydroxymethylvinyl ketone, a reactive metabolite of 1,3-butadiene. *Chemical Research in Toxicology*, **22**, 918-925.

205. Booth, E.D., Kilgour, J.D., Watson, W.P. (2004) Dose responses for the formation of hemoglobin adducts and urinary metabolites in rats and mice exposed by inhalation to low concentrations of 1,3-[2,3-14C]-butadiene. *Chemico-Biological Interactions*, **147**, 213-232.

206. International Agency for Research on Cancer (IARC) (2008) 1,3-Butadiene, ethylene oxide and vinyl halides: vinyl chloride. In *IARC Monographs on the Evaluation of Carcinogenic Risks to Humans*, vol. 97, pp. 311-443.

207. Jones, A.B., Fakhouri, G., Gadiel, P. (1979) The metabolism of the soil fumigant 1,2-dibromo-3-chloropropane in the rat. *Experientia*, **35**, 1432-1434.

208. Zoetemelk, C.E.M., Oei, I.H., Van Meeteren-Walchli, B. (1986) Biotransformation of 1,2-dibromopropane in rats into four mercapturic acid derivatives. *Drug Metabolism and Disposition*, **14**, 601-607.

209. Pearson, P.G., Soderlund, E.J., Dybing, E., Nelson, S.D. (1990) Metabolic activation of 1,2-dibromo-3-chloropropane: evidence for the formation of reactive episulfonium ion intermediates. *Biochemistry*, **29**, 4971-81.

210. Richardson, K.A., Peters, M.M.C.G., Megens, R.H.J.J.J., van Elburg, P.A., Golding, B.T., Boogaard, P.J., Watson, W.P., van Sittert, N.J. (1998) Identification of novel metabolites of butadiene monoepoxide in rats and mice. *Chemical Research in Toxicology*, **11**, 1543-1555.

DANKSAGUNG

Herrn PD Dr. Thomas Göen vom Institut für Arbeits-, Sozial- und Umweltmedizin der Universität Erlangen-Nürnberg danke ich für die freundliche Überlassung des interessanten Themas, die wissenschaftliche Betreuung dieser Arbeit sowie für das stets entgegengebrachte Vertrauen.

Frau Prof. Dr. Monika Pischetsrieder vom Institut für Lebensmittelchemie der Universität Erlangen-Nürnberg gilt mein Dank für die Betreuung und Begutachtung dieser Arbeit von Seiten der Naturwissenschaftlichen Fakultät.

Dem Institut für Organische Chemie der Universität Erlangen-Nürnberg danke ich für die Aufnahme der NMR-Spektren. Für die Durchführung der Kreatininmessungen möchte ich mich bei den Kollegen aus der Henkestrasse bedanken. Der Betriebsärztlichen Dienststelle der Universität Erlangen-Nürnberg danke ich für die tatkräftige Unterstützung bei der Probensammlung.

Bei Herrn Prof. Dr. Hans Drexler, dem Direktor des Instituts für Arbeits-, Sozial- und Umweltmedizin der Universität Erlangen-Nürnberg sowie bei allen Mitarbeitern möchte ich mich für das freundliche und kollegiale Arbeitsklima bedanken. Besonderer Dank gilt allen Kollegen aus der Universitäts- und Henkestrasse, die durch die gute Zusammenarbeit und viele hilfreiche Diskussionen zum Gelingen dieser Arbeit beigetragen haben.

Nicht zuletzt geht ein großes Dankeschön an meine Freunde und ganz besonders an meine Familie, die durch ihre vielfältige Unterstützung auf meinem bisherigen Lebensweg ein Gelingen dieser Arbeit erst möglich gemacht haben.

PUBLIKATIONEN UND VORTRÄGE

Im direkten Zusammenhang mit der Bearbeitung der vorliegenden Dissertation sind die folgenden Publikationen und Vorträge entstanden:

Veröffentlichungen

Eckert, E., Drexler, H., Göen, Th. (2010): Determination of six hydroxyalkyl mercapturic acids in human urine using hydrophilic interaction liquid chromatography with tandem mass spectrometry (HILIC-ESI-MS/MS). *Journal of Chromatography B*, **878**, 2506-2514.

Eckert, E., Schmid, K., Schaller, B., Hiddemann-Koca, K., Drexler, H., Göen, Th. (2011): Mercapturic acids as metabolites of alkylating substances in human urine of German inhabitants. *International Journal of Hygiene and Environmental Health*, **214**, 196-204.

Poster

Eckert, E., Drexler, H., Göen, Th.: Determination of six hydroxyalkyl mercapturic acids in human urine of the general population by HILIC-MS/MS. *8th International Symposium on Biological Monitoring in Occupational and Environmental Health (ISBM)*. September 2010, Espoo, Finnland.

Eckert, E., Gries, W., Göen, Th., Leng, G.: Nachweis von S-(3,4-Dihydroxybutyl)merkaptursäure als Hauptmetaboliten des 2-Chloroprens im Menschen. *77. Jahrestagung der Deutschen Gesellschaft für Experimentelle und Klinische Pharmakologie und Toxikologie e.V. (DGPT)*. März/April 2011, Frankfurt/Main.

Vorträge (Vortragender ist unterstrichen)

<u>Eckert, E.</u>, Göen, Th., Drexler, H.: Bestimmung von Hydroxyalkylmerkaptursäuren im Urin mittels einer LC-MS/MS-Multi-Methode zum Biomonitoring von kanzerogenen Arbeitsstoffen. *49. Jahrestagung der Deutschen Gesellschaft für Arbeits- und Umweltmedizin (DGAUM)*. März 2009, Aachen.

<u>Eckert, E.</u>, Drexler, H., Göen, Th.: Bevölkerungsbezogenes Biomonitoring von kanzerogenen Gefahrstoffen anhand der Ausscheidung von Hydroxyalkylmerkaptursäuren im Urin. *3. Jahrestagung der Gesellschaft für Hygiene und Umweltmedizin (GHUP)*. Oktober 2009, Stuttgart.

Göen, Th., **Eckert, E.**, Gries, W., Leng, G.: Novel approach for the biomonitoring of occupational exposure to 2-chloroprene. *39th International Medichem Congress.* Juni 2011, Heidelberg.

i want morebooks!

Buy your books fast and straightforward online - at one of world's fastest growing online book stores! Environmentally sound due to Print-on-Demand technologies.

Buy your books online at
www.get-morebooks.com

Kaufen Sie Ihre Bücher schnell und unkompliziert online – auf einer der am schnellsten wachsenden Buchhandelsplattformen weltweit! Dank Print-On-Demand umwelt- und ressourcenschonend produziert.

Bücher schneller online kaufen
www.morebooks.de

 VDM Verlagsservicegesellschaft mbH
Heinrich-Böcking-Str. 6-8   Telefon: +49 681 3720 174   info@vdm-vsg.de
D - 66121 Saarbrücken   Telefax: +49 681 3720 1749   www.vdm-vsg.de

Printed by Books on Demand GmbH, Norderstedt / Germany